普通高等教育电子信息类系列教材

电力电子与电机控制系统综合实验教程

主 编 许聪颖 庞家园 刘会巧

副主编 赵春雷 魏士博 贾 娜

U0169967

西安电子科技大学出版社

内 容 简 介

　　本书主要介绍电机与电力拖动、电力电子技术、电力拖动自动控制系统和运动控制系统方面的实验，这类实验系统性较强，涉及内容较多，操作比较复杂。本书以 NMCL-Ⅱ型现代电力电子技术及运动控制系统实验教学装置为主线，将每个实验的理论教学内容、仿真实验和实际工程实验有机地结合在一起，通过实验验证理论知识，使得理论与实践相结合，加深学生对所学知识的理解与应用。

　　本书可以作为高等院校电气工程及其自动化、自动化等专业开设的电机与电力拖动、电力电子技术、电力拖动自动控制系统、运动控制系统等相关实验课程的指导书，也可供有关工程技术人员参考。

图书在版编目(CIP)数据

电力电子与电机控制系统综合实验教程/许聪颖，庞家园，刘会巧主编. —西安：西安电子科技大学出版社，2020.10(2022.8重印)

ISBN 978 - 7 - 5606 - 5609 - 0

Ⅰ. ①电…　Ⅱ. ①许…　②庞…　③刘…　Ⅲ. ①电力电子学－实验－高等学校－教材　②电机－控制系统－实验－高等学校－教材　Ⅳ. ①TM1-33　②TM301.2-33

中国版本图书馆 CIP 数据核字(2020)第 057651 号

策　　划　刘玉芳
责任编辑　阎　彬
出版发行　西安电子科技大学出版社(西安市太白南路 2 号)
电　　话　(029)88242885　88201467　　邮　　编　710071
网　　址　www.xduph.com　　　　电子邮箱　xdupfxb001@163.com
经　　销　新华书店
印刷单位　咸阳华盛有限责任公司
版　　次　2020 年 10 月第 1 版　2022 年 8 月第 2 次印刷
开　　本　787 毫米×1092 毫米　1/16　印张 13.5
字　　数　316 千字
印　　数　2001～4000 册
定　　价　31.00 元
ISBN 978 - 7 - 5606 - 5609 - 0/TM

XDUP 5911001 - 2

前　　言

为了适应对应用型、创新型人才的培养需求，加强学生理论联系实际的专业能力，全面提高学生电力电子专业的实际操作技能和创新思维能力，本书将电力电子实验的理论内容、MATLAB/Simulink 仿真技术和实际工程实验有机地结合在一起，概念清楚，内容完整，可作为与大多数高等学校的电力电子实验设备配套的实验指导书。书中既包括传统的验证性实验，又增加了设计性、综合性实验项目以及相应的仿真实验，强化了对学生工程应用能力、自学能力和创新能力的培养。

本书综合了"电机与电力拖动""电力电子技术""电力拖动自动控制系统"和"运动控制系统"等课程教学大纲中的实验内容，同时也考虑到开设专题实验的需求，力争实现教材结构模块化、教学内容弹性化。全书共 6 章，主要包括实验装置的介绍，以及电机与电力拖动、电力电子技术、电力拖动自动控制系统和运动控制系统等相关实验的实验原理、实验目的、实验内容和实验方法。教师可根据自己学校的教学需求、专业、课时以及学生的实际情况灵活地安排教学内容。

本书中的实验教学平台是浙江求是科教设备有限公司的 NMCL-Ⅱ型现代电力电子技术及运动控制系统实验教学装置，该实验教学装置是一种依据"组件化""模块化"理念设计的具有强扩展能力的大型综合性实验教学装置，可以完成电机与电力拖动、电力电子技术、电力拖动自动控制系统和运动控制系统等方面系列实验课程的全部教学实验。除本书列出的实验项目外，学生还能以此实验教学装置为平台，设计相应的研究型实验。

本书第 1 章由魏士博编写，第 2 章由赵春雷编写，第 3 章由魏士博和贾娜共同编写，第 4 章由刘会巧编写，第 5 章由许聪颖和庞家园共同编写，第 6 章由许聪颖编写。全书由许聪颖负责统稿。

在本书的编写过程中，浙江求是科教设备有限公司提供了大量的相关资料，在此谨表示诚挚的感谢。另外，编者还参考了书中参考文献所列出的相关文献资料，在此向有关文献资料的作者或编者致以衷心的感谢。

由于作者水平有限，书中难免存在疏漏和欠妥之处，恳请广大读者批评指正。

编者
2020 年 6 月

目　　录

第1章 实 验 概 述

1.1 实 验 要 求

电机与电力拖动实验教学的目的在于培养学生掌握基本的专业实验方法与操作技能。电力电子技术、电力拖动自动控制系统及运动控制系统等实验的教学内容繁多，实验系统比较复杂，系统性较强。运动控制系统专题计算机仿真与实验教学是上述实验相应的理论教学的重要补充和继续。理论教学是实验教学的基础，学生在实验过程中应学会运用所学专业理论知识分析和解决实际系统中出现的各种问题，提高动手能力；同时，通过实验验证理论知识，促使理论和实践相结合。按实验过程提出下列基本实验要求：

（1）掌握交/直流电机的基本结构和工作原理、实验线路的设计与连接及特性的测试。

（2）掌握电力电子变流装置主电路、触发或驱动电路的构成及调试方法，能初步设计和应用这些电路。

（3）掌握交/直流电机控制系统的组成和调试方法，以及系统参数的测量和整定方法，能设计交/直流电机控制系统的具体实验线路。

（4）熟悉并掌握实验装置、测试仪器的性能及使用方法。

（5）能够运用理论知识对实验现象、结果进行分析和处理，解决实验中遇到的问题。

（6）能够综合分析实验数据，解释实验现象，撰写实验报告，完成思考题。

（7）掌握 MATLAB 仿真工具，熟练运用 Simulink 和 SimPowerSystem 工具箱建立电力电子变流电路与电机控制系统仿真模型，设计仿真实验。

1.2 实 验 准 备

实验前应复习教科书有关章节，认真研读实验指导书，了解实验目的、方法与步骤，明确实验过程中应注意的问题，并按照实验项目准备记录表格等。

实验前应写好预习报告，经指导教师检查后认为确实做好了实验前的准备，方可开始做实验。

认真作好实验前的准备工作，对于培养独立工作能力、提高实验质量和保护实验设备都是很重要的。因此，实验前应做到以下 4 点：

（1）复习理论课程中与实验有关的内容，熟悉与本次实验相关的理论知识。

（2）阅读本实验教程中的实验指导，了解本次实验的目的和内容，掌握本次实验的原理和方法。

（3）写预习报告，其中应包括计算机仿真建模与实验系统的详细接线图、实验步骤、数据记录表格等。

（4）进行实验分组。电力电子技术实验中，交/直流调速系统的实验小组为每组 2 至 3 人。

1.3　实验实施

实验的实施应做到以下 6 点：

（1）建立小组，合理分工。每次实验都以小组为单位进行，推选组长一人，组长负责组织实验的进行。对于实验进行中的接线、调节负载、保持电压或电流、记录数据等工作，每个组员应有明确的分工，以保证实验操作协调，记录数据准确、可靠。

（2）选择组件和仪表。实验前先熟悉该次实验所用电机和组件，记录电机及所用设备的铭牌并选择好所用仪表的量程；然后依次排列组件和仪表，以便于测取数据。

（3）按图接线，力求简明。根据实验线路图及所选组件、仪表，按图接线，力求做到线路简单明了。接线原则是先接串联主回路，再接并联支路。也就是说，由电源开关后开始，连接主要的串联电路（如电枢回路），若是三相，则三根线一齐往下接；若是单相或直流，则从一极出发，经过主要线路的各段仪表、设备，最后返回到另一极。为查找线路方便，每条线路可用相同颜色的导线。完成实验系统接线后，必须进行自查。自查完成后，须经实验指导老师进一步复查并征得指导教师同意后，方可通电实验。改接线路时，必须断开主电源方可进行操作。

（4）起动电机，观察仪表。在正式实验开始之前，须校准各仪表零位，熟悉仪表刻度，并记下倍率；然后按一定规范起动电机，观察所有仪表是否正常（如指针正、反向，是否超满量程等）。如果出现异常，则立即切断电源，并排除故障；如果一切正常，即可正式开始实验。

（5）按照计划，测取数据。预习时对实验内容及所测数据的大小要做到心中有数，做好理论准备，并预测实验结果的大致趋势。正式实验时，根据实验步骤逐次测取数据，测取数据记录点的分布应均匀。实验中应观察实验现象是否正常，所得数据是否合理，实验结果是否与理论一致。

（6）接受检查，规整仪器用具。完成本次实验全部内容后，应请指导教师检查实验数据和记录的波形，经指导教师认可后方可拆除接线；然后整理好连接线、仪器、工具，物归原位。

1.4　实验报告

实验报告是根据实测数据和在实验中观察、发现的问题，经过自己分析研究或分析讨论后写出的心得体会和结果报告。实验报告要简明扼要、字迹清楚、图表整洁、结论明确。

实验报告应包括以下内容：

（1）实验名称、专业班级、学号、姓名、同组的同学姓名、实验日期、室温（℃）等。

（2）列出实验中所用电机、组件及设备仪表的名称、编号、型号规格、铭牌数据（如 P、U、I、n）等。

（3）扼要写出实验目的，列出实验项目。

（4）绘出实验时所用的线路图，并注明仪表量程、电阻器阻值、电源端编号等。

（5）进行数据的整理和计算。在记录数据的表格上需说明实验是在什么条件下进行的。若数据由计算所得，应列出计算公式，并举一例说明。

（6）按记录及计算的数据，用坐标纸画出曲线，图纸尺寸不小于 8 cm×8 cm，曲线要用曲线尺或曲线板连成光滑曲线，不在曲线上的点仍按实际数据标出。

（7）实验结论是对实验结果进行计算和分析后得出的结论，是由实践再上升到理论的提高过程，是实验报告中很重要的一部分。实验结论中可对根据不同实验方法所得的结果进行比较，讨论各种实验方法的优缺点，说明实验结果与理论是否符合，或对某些问题进行探讨，提出自己的见解。实验报告应写在一定规格的报告纸上，并保持页面整洁。

（8）每次实验结束后每人独立完成一份实验报告，按时送交指导教师批阅。

第2章　实 验 装 置

2.1　概　　述

　　NMCL-Ⅱ型现代电力电子技术及运动控制系统实验教学装置(参见图 2.1)是浙江求是科教设备有限公司根据电机学、电力拖动、电力电子技术、电力拖动自动控制系统、自动控制理论、计算机控制技术等的实验内容和要求研制而成的一种功能齐全的大型电力电子综合性实验装置,可用来完成电机与电力拖动、电力电子技术、电力拖动自动控制系统、运动控制系统等方面系列实验课程的全部教学实验,并可单独开设运动控制系统专题实验。

图 2.1　NMCL-Ⅱ型现代电力电子技术及运动控制系统实验教学装置外观图

2.2　实验装置及技术参数

　　实验装置及技术参数如下:

　　(1) 整机容量:小于 1.5 kV·A;

　　(2) 工作电源:~3 N/380 V/50 Hz/3 A;

　　(3) 尺寸:164 cm×75 cm×160 cm;

　　(4) 重量:小于 200 kg。

　　实验电机及技术参数如下:

　　(1) M01-A 型直流复励发电机的技术参数:$P_N=100$ W,$U_N=200$ V,$I_N=0.5$ A,$n_N=1600$ r/min;

　　(2) M03-A 型直流并励电动机的技术参数:$P_N=185$ W,$U_N=220$ V,$I_N=1.1$ A,

$n_N = 1600$ r/min；

（3）M04 - A 型三相鼠笼式异步电动机的技术参数：$P_N = 100$ W，$U_N = 220$ V(△)，$I_N = 0.48$ A，$n_N = 1420$ r/min；

（4）M09 - A 型三相绕线式异步电动机的技术参数：$P_N = 100$ W，$U_N = 220$ V(Y)，$I_N = 0.55$ A，$n_N = 1420$ r/min；

（5）M15 型直流无刷伺服电动机的技术参数：$P_N = 40$ W，$U_N = 36$ V(Y)，$I_N = 1.3$ A，$n_N = 1500$ r/min。

2.3　实验装置的挂件配置

实验装置的挂件配置参见表 2.1。

表 2.1　实验装置的挂件配置一览表

序号	型号	名　　称	备注
1	MEL - 002T	电源控制屏	
2	NMCL - 31A	调速系统控制单元	
3	NMCL - 13A	转矩转速测量及控制	
4	NMCL - 36B	锯齿波触发电路	
5	NMCL - 03/4	可调电阻箱	
6	NMCL - 331	平波电抗器(含阻容吸收电路)	
7	NMCL - 35	三相变压器	
8	NMCL - 33	触发电路和晶闸管主回路	
9	NMCL - 18	直流调速控制单元	
10	NMCL - 22	现代电力电子电路和直流脉宽调速	
11	M01 - A	直流复励发电机	
12	M03 - A	直流并励电动机	
13	M04 - A	三相异步电机和光电码盘(2048 脉冲/转)	
14	M09 - A	三相绕线式异步电机	
15	MEL - 0010	交/直流仪表	

2.4　主要实验挂件

2.4.1　电源控制屏(MEL - 002T)

电源控制屏如图 2.2 所示。

电源控制屏的主要功能是通过三相漏电断路器，经接触器和三相隔离变压器提供三相 0～430 V 连续可调的交流电源，同时可得到 0～250 V 单相可调电源。

上空气开关具有断路漏电保护功能，是实验台总电源开关。其中有红色按钮和绿色按钮。按下红色按钮则断开指示灯点亮,此时电源控制屏的隔离变压器左右两边单相电源插孔均有 220 V 电压输出,同时实验台通过航空插座给所有实验挂件提供电源。实验时,确认实验接线正确无误后,按下绿色按钮则闭合指示灯点亮,此时三相电源经断路器、主接触器、隔离变压器、过流保护之后输出电压,即 U、V、W 接线端口有 220 V 电压输出。实验完毕后,按下红色按钮则断开指示灯点亮,此时便断开 U、V、W 接线端口的电压输出。当有电压输出时,对应的发光二极管发亮;若无电压输出,则检查是否由于电流太大而烧毁熔断器。

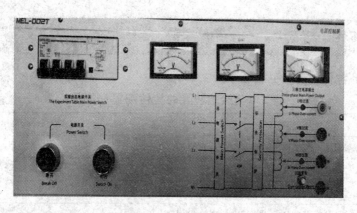

图 2.2　电源控制屏

　　电源控制屏上配有三只指针式交流电压表,用于指示三相调压器的输出电压。三相电源 U、V、W 接线端口处带有熔断器形成过流保护,当输出电流超过 3 A 或发生短路时,熔断器起到保护电路的作用,从而避免烧毁变压器。

2.4.2　三相变压器(NMCL - 35)

　　三相(芯式)变压器(见图 2.3)是由三个单相变压器演变过来的,当三相变压器一次绕组外施对称的三相电压时,三相主磁通对称,中间公共铁芯柱内通过的磁通为三相主磁通的相量和,即 $\dot\Phi_U + \dot\Phi_V + \dot\Phi_W = 0$,这和负载对称时 Y 形连接电路的中性线电流等于零是一样的。通常将三个铁芯柱排列在一同平面上,这就是常用的三相芯式变压器的铁芯。在这种磁路系统中,每相主磁通必须通过另外两相的磁路方能闭合,故各相磁路彼此相关。由于铁芯成平面结构形式,使得三相磁路长度不等。中间的 V 相较短,两边的 U 和 W 两相较长,导致三相磁阻稍有差别。当外施三相对称电压时,三相空载电流将不相等,V 相略小,U、W 两相大些,由于变压器的空载电流很小且不对称,因此对变压器负载运行影响极小,可略去不计。实验室采用三相组式结构的变压器。

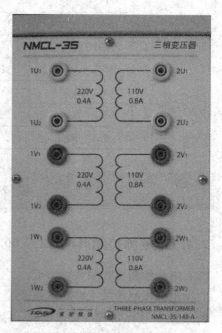

图 2.3　三相变压器

2.4.3　转矩转速测量及控制(NMCL - 13A)

　　机械元件在转矩作用下都会产生一定程度的扭转变形,故转矩有时又称为扭矩。转矩是各种工作机械传动轴的基本载荷形式,与动力机械的工作能力、能源消耗、效率、运转寿命及安全性能等因素紧密联系。转矩的测量对传动轴载荷的确定与控制、传动系统工作零件的强度设计以及原动机容量的选择等都具有重要的意义。

　　转矩转速测量仪的特点是,转矩测量系统由磁粉制动器、摆杆、重锤、转矩、刻度盘、固定在制动器外壳上的指针及铝质圆盘、直流电磁铁、可调式稳流电流等组成。它能方便、稳定、直观地测定小型电动机的转矩和转速。

　　根据实验的需要,通过钮子开关分别进行无转速反馈时和有转速反馈时的加载,前者用于一般的负载实验中,后者用于电机的转矩-转差率曲线绘制。

　　转矩表:3 位半数字显示,测量范围为 0~2 N·m,可测量正/负转矩值。

　　转速表:5 位数字显示,测量范围为 0~2000 r/min,可测量正/负转速值。

　　转矩转速测量及控制模块如图 2.4 所示。

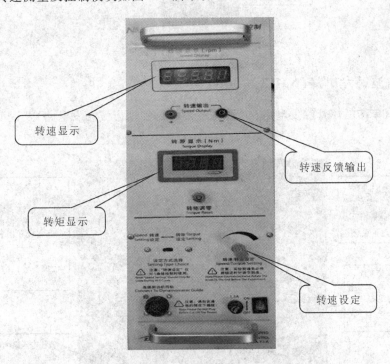

图 2.4　转矩转速测量及控制模块

2.4.4　调速系统控制单元(NMCL - 31A)

　　调速系统控制单元如图 2.5 所示。它主要提供调速系统给定信号(简称给定)以及速度变换器、零速封锁器等电路,另外还提供直流指针式电流表 1 只,可用于观察电流的启动过程。

　　低压电源模块为实验台提供 ±15 V 的直流低压电源,该电源由钮子开关控制,当将钮子开关拨向"ON"时,接线端口输出 ±15 V 电压,同时对应的红、黄发光二极管发亮。该电源能够输出的最大电流为 0.5 A,内部由熔断器进行保护。注意,因为给定模块 G

所需要的电源也由该±15 V电源提供，所以如果低压电源的开关拨向"OFF"，则给定模块将无电压输出，同时，实验台也通过实验挂件区各个航空插座将该低压电源提供给实验挂件。（注：本书在介绍具体实验装置时，FBS也称为转速变换器。）

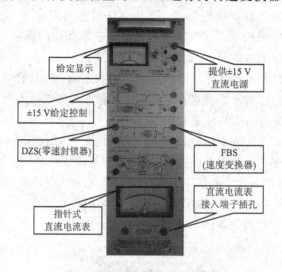

给定显示

提供±15 V
直流电源

±15 V给定控制

DZS(零速封锁器)

FBS
(速度变换器)

指针式
直流电流表

直流电流表
接入端子插孔

图 2.5　调速系统控制单元

2.4.5　锯齿波触发电路(NMCL - 36B)

触发电路（单结晶体管触发电路、正弦波触发电路和锯齿波触发电路）及说明如图 2.6所示。

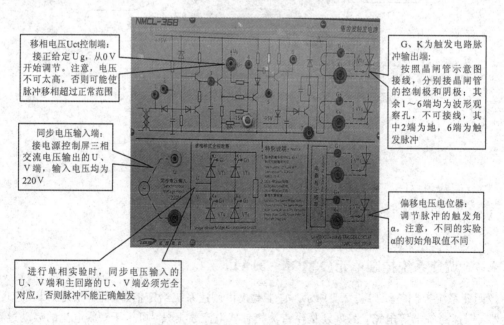

移相电压Uct控制端：
接正给定Ug，从0 V
开始调节。注意，电压
不可太高，否则可能使
脉冲移相超过正常范围

G、K 为触发电路脉冲输出端：
按照晶闸管示意图接线，分别接晶闸管的控制极和阴极；其余1～6端均为波形观察孔，不可接线，其中2端为地，6端为触发脉冲

同步电压输入端：
接电源控制屏三相交流电压输出的U、V端，输入电压均为220 V

偏移电压电位器：
调节脉冲的触发角α。注意，不同的实验α的初始角取值不同

进行单相实验时，同步电压输入的U、V端和主回路的U、V必须完全对应，否则脉冲不能正确触发

图 2.6　触发电路

2.4.6　触发电路和晶闸管主回路(NMCL - 33)

触发电路和晶闸管主回路及详细说明如图 2.7 所示。实验箱由触发电路、主回路和 FBC＋FA(电流反馈和过流保护)模块组成。

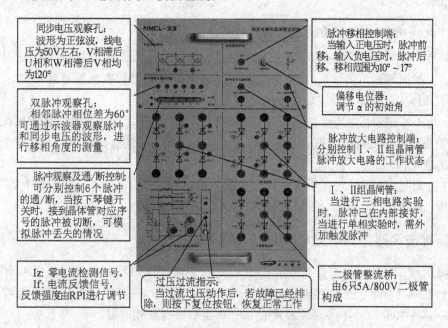

同步电压观察孔：
波形为正弦波，线电压为50V左右，V相滞后U相和W相滞后V相均为120°

双脉冲观察孔：
相邻脉冲相位差为60°可通过示波器观察脉冲和同步电压的波形，进行移相角度的测量

脉冲观察及通/断控制：
可分别控制6个脉冲的通/断，当按下琴键开关时，接到晶体管对应序号的脉冲被切断，可模拟脉冲丢失的情况

Iz: 零电流检测信号。
If: 电流反馈信号，反馈强度由RP1进行调节

过压过流指示：
当过流过压动作后，若故障已经排除，则按下复位按钮，恢复正常工作

脉冲移相控制端：
当输入正电压时，脉冲前移；输入负电压时，脉冲后移。移相范围为10°～17°

偏移电位器：
调节 α 的初始角

脉冲放大电路控制端：
分别控制Ⅰ、Ⅱ组晶闸管脉冲放大电路的工作状态

Ⅰ、Ⅱ组晶闸管：
当进行三相电路实验时，脉冲已在内部接好，当进行单相实验时，需外加触发脉冲

二极管整流桥：
由6只5A/800V二极管构成

图 2.7　触发电路和晶闸管主回路

1. 触发电路

触发电路采用数字集成电路，抗干扰能力强，三相脉冲间隔均匀，移植性好，产生双窄脉冲，脉冲移相范围为 10°～170°。

实验台提供相位差为 60°的 6 组双脉冲，分别由两路功率放大器(简称功放)进行放大，脉冲移相范围为 10°～170°。在面板上可观察三相同步电压和 6 个脉冲波形，并通过"Uct"端对 α 角进行控制。面板还装有 6 路琴键开关，可分别对每一路脉冲进行"通""断"控制，可模拟三相整流电路丢脉冲或逆变电路颠覆的故障现象。

另有两脉冲控制端"Ublf"和"Ublr"分别对Ⅰ、Ⅱ组脉冲放大电路进行控制。当"Ublf"接地时，第Ⅰ组脉冲放大电路进行放大；当"Ublr"接地时，第Ⅱ组脉冲放大电路进行工作。在进行"逻辑无环流可逆直流调速系统实验"中，通过对"Ublr"和"Ublf"的电平进行控制以实验电机的正/反转。

注意事项如下：

(1) 观察孔在面板上均为小孔，仅能接示波器，不能接任何信号。特别是 6 路双脉冲观察孔，千万不可和Ⅰ、Ⅱ组晶闸管的控制极相连。

(2) 晶闸管 1～6 的双脉冲相位差为 60°，且后一组脉冲滞后前一组脉冲。如果出现后一组脉冲超前前一组脉冲，则说明实验台输入的三相电源相序错误，只要更换三相电源插座任意两相即可。

2. 主回路

主回路由 12 只 6 A/800 V 晶闸管和 6 只二极管组成。其中 $VT_1 \sim VT_6$ 组成 I 组晶闸管，$VT_{1'} \sim VT_{6'}$ 组成 II 组晶闸管。使用晶闸管时应注意，外加触发脉冲时，必须切断内部触发脉冲。

3. FBC＋FA(电流反馈和过流保护)模块

FBC＋FA 模块有三种功能：一是检测电流反馈信号；二是发出过流信号；三是发出过压信号。主控制屏输出的单/三相交流电源均经过电压互感器和电流互感器检测。(注：本书在介绍具体实验线路时，按功能不同又将 FA 称为限流保护。)

(1) 电流变送器。电流变送器适用于晶闸管直流调速装置中，与电流互感器配合，检测晶闸管变流器交流进线电流，以获得与变流器电流成正比的直流电压信号、零电流信号和过电流逻辑信号等。

(2) 过流过压保护。当主电路电流超过某一数值(2 A 左右)，电压超过 260 V，此时接触器动作，断开交流主电路，同时过流过压指示发光二极管亮。

2.4.7 直流调速控制单元(NMCL－18)

直流调速控制单元如图 2.8 所示，它提供交/直流调速闭环控制系统的模拟 PID 转速调节器和电流调节器、逻辑无环流可逆双闭环调速系统的逻辑控制器以及 4 组可变电容器。(注：本书在介绍具体的实验装置时，ASR 也称为速度调节器。)

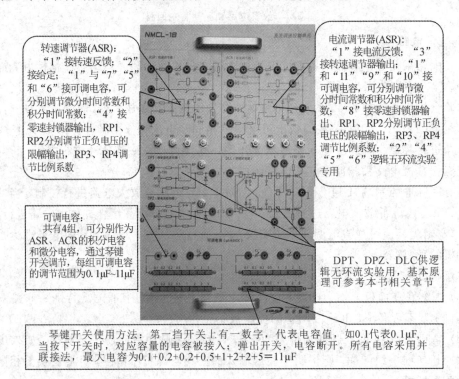

图 2.8 直流调速控制单元

2.4.8　现代电力电子电路和直流脉宽调速(NMCL - 22)

NMCL - 22(参见图2.9)由9个模块组成：① SPWM 波形发生器；② UPW(脉宽调制器)；③ DLD(逻辑延时)；④ FA(限流保护)；⑤ 隔离与驱动电路；⑥ PWM(脉宽调制变换器)主回路；⑦ 直流斩波电路(DC - DC 变换)；⑧ 斩控式交流调压主电路；⑨ FBA(电流反馈)。

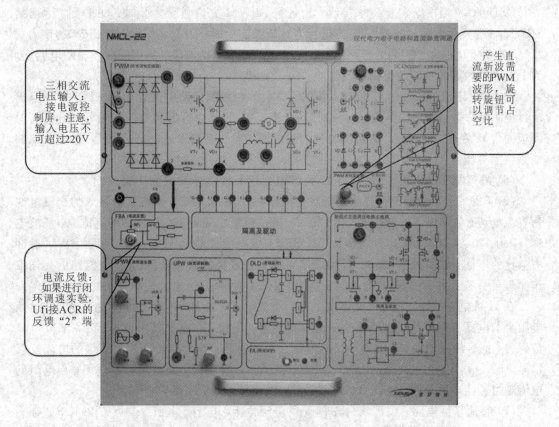

图 2.9　现代电力电子电路和直流脉宽调速

NMCL - 22 主要可以完成 6 种直流斩波电路、斩控式交流调压、DC - DC 变换、SPWM 逆变电路等实验。各个模块详细说明如下：

(1) SPWM 波形发生器。其内部电路由专用波形发生芯片构成，分别产生三角波和正弦波，合成后为 SPWM 波形，其中三角波和正弦波的频率范围通过两个多圈电位器进行调节，三角波频率的调节范围为 $1.8\,kHz\sim10\,kHz$，正弦波的频率范围为 $2\,Hz\sim50\,Hz$；正弦波的幅值也可以进行调节，调节范围为 $0\sim8\,U_{pp}$，但三角波的幅值不可调节。实验时，需要观察三角波和正弦波的幅值，应保证正弦波的幅值小于三角波的幅值，否则调制后的 SPWM 波形会出错。

(2) UPW(脉宽调制器)。它由 PWM 波形专用芯片 SG3525 构成，"1"端锯齿波的频率为 $18\,kHz$，通过调节"3"端输入的给定电压改变"2"端输出方波波形的占空比。由于不同的实验初始要求的占空比不同，如 H 桥电路，其初始占空比为 50%；类似 BUCK 电路的直流斩波电路,则初始占空比最好能从小慢慢调至正常,因此设置电位器 RP,调节 RP 即可得到实验所需要的初始占空比。

(3) DLD(逻辑延时)。为了防止 H 桥电路中同一桥臂上下两只功率管(MOSFET 或 IGBT)发生直通现象,驱动上下桥臂的脉冲必须有一定的死区时间,一般不小于 5 μs。DLD 的作用就是把一路 PWM 信号分解成两路 PWM 信号,这两路 PWM 信号必须高低电平错开,同时留有死区时间。

DLD 的"1"端根据实验要求接线,当进行 SPWM 交流逆变实验时,DLD 的"1"端接 SPWM 波形发生器的输出端"3";当进行直流斩波实验时,DLD 的"1"端接 UPW 的输出端"2";DLD 模块的"2""3"端为两路 PWM 信号的观察孔,在内部已接至隔离及驱动电路上,为 PWM 主回路的功率管提供触发脉冲。

(4) FA(限流保护)。为了保证系统的可靠性,在控制回路中设置了保护线路,一旦出现过流,保护电路输出二路信号,分别封锁 SG3525 的脉冲输出和与门的信号输出;同时面板的告警发光二极管亮,切断实验台的主电源。当故障消除后,按下"复位"按钮,控制电路恢复工作。

(5) 隔离与驱动电路。NMCL - 22 内部由两片 R2110 驱动电路构成。

(6) PWM 主回路。PWM(脉宽调制变换器)模块中,二极管整流桥把输入的交流电变为直流电,正常情况下,交流输入为 220 V,经过整流后变为 300 V 左右的直流电,滤波电容"C"为 470 μF/450 V;四只功率管(MOSFET 或 IGBT)构成 H 桥电路,根据 PWM 脉冲占空比的不同,在负载"6"端和"7"端之间可得到正或负的直流电压。(H 桥电路的具体工作原理可参考王兆安编著的《电力电子技术》或陈伯时编著的《电力拖动自动控制系统》等)。

在 H 桥电路的输出回路中,串接了一个小电阻("5"端和"6"端之间),阻值为 1 Ω。该电阻上的电压波形反映了主回路输出的电流波形。同时,在主回路中还串接了 LEM 电流传感器,信号经过放大,可输出一反映电流大小的电压,作为双闭环控制系统的电流反馈信号 FBA。另外,在主回路的"2"和"4"端串接了一取样电阻,起过流保护作用,当电阻的电流超过额定电流值时,过流保护电路动作,关闭脉冲,从而保护功率管。

(7) 直流斩波电路。该模块的左侧提供若干电阻、电容、电感、二极管和 IGBT 等元件,可以参考面板上的不同斩波电路原理图进行接线,模块的最上边提供直流电源为 15 V,并带有熔断器保护。

(8) 斩控式交流调压主电路。斩控式交流调压主电路由控制电路和主电路组成。输入交流电压为 220 V,经过同步变压器 T 后,形成两路相位差为 180°的方波,分别对应正弦波的正半周和负半周;由 SG3525 进行调制(调制频率约为 18 kHz)后,经过隔离及驱动电路,分别驱动 IGBT 或 MOSFET。

(9) FBA(电流反馈)。如果进行闭环调速实验,"Ufi"接 ACR 的反馈"2"端。

第 3 章　变压器和电机实验

3.1　直流电机实验

3.1.1　直流电机结构及工作原理简介

一、直流电机的结构

直流电机的结构如图 3.1 所示。电机要实现机电能量变换，电路和磁路之间必须有相对运动，所以旋转电机具备静止和旋转两大部分。静止和旋转部分之间有一定大小的间隙，称为气隙。静止部分称为定子，作用是产生磁场和作为电机的机械支撑。静止部分包括主磁极、换向极、机座、端盖、轴承、电刷装置等。旋转部分称为转子或电枢，作用是感应电势实现能量转换。旋转部分包括电枢铁芯、电枢绕组、换向器、轴和风扇等。

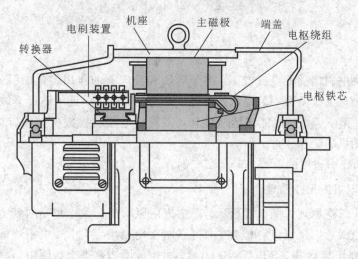

图 3.1　直流电机结构

1. 定子部分

（1）主磁极：也称为主极。其作用是产生气隙磁场。

（2）换向极：也称为附加极或间极，装在主极之间。其作用是改善换向。

（3）机座：由铸钢或厚钢板焊成，是电机的机械支撑。

（4）电刷装置：将直流电压、电流引入或引出的装置。其组数与主极极数相等。

2. 转子部分

（1）电枢铁芯：主磁路的主要部分及嵌放电枢绕组，由硅钢片叠压而成。

（2）电枢绕组：由许多按一定规律连接的线圈组成，用来感应电动势和通过电流，是电路的主要部分。

（3）换向器：由许多彼此绝缘的换向片构成。

二、直流电机的工作原理

1. 直流电动机的工作原理

直流电动机工作原理如图3.2所示。图中，线圈连着换向片，换向片固定于转轴上，随电机轴一起旋转，换向片之间及换向片与转轴之间均互相绝缘，它们构成的整体称为换向器。电刷A、B在空间上固定不动。

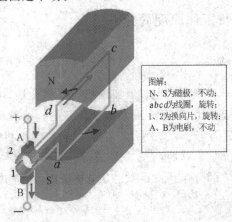

图解：
N、S为磁极，不动；
abcd为线圈，旋转；
1、2为换向片，旋转；
A、B为电刷，不动。

图 3.2　直流电动机工作原理

在电机的两电刷端加上直流电压，由于电刷和换向器的作用将电能引入电枢线圈中，并保证了同一个极下线圈边中的电流始终是一个方向，进而保证了该极下线圈边所受的电磁力方向不变，保证了电动机能连续地旋转，实现将电能转换成机械能以拖动生产机械，这就是直流电动机的工作原理。

注意：每个线圈边中的电流方向是交变的。

2. 直流发电机的工作原理

直流发电机工作原理如图3.3所示。图中当用原动机拖动电枢逆时针方向旋转时，线圈边将切割磁力线感应出电势，电势方向可据右手定则确定。由于电枢连续旋转，线圈边ab、cd将交替地切割N极、S极下的磁力线，每个线圈边和整个线圈中的感应电动势的方向是交变的，因此线圈内的感应电动势是交变电动势。但由于电刷和换向器的作用，使流过负载的电流是单方向的直流电流，该直流电流一般是脉动的。

在图3.3中，电刷A所引出的电动势始终是切割N极磁力线的线圈边中的电动势，它始终具有正极性；同理，电刷B始终具有负极性。这就是直流发电机的工作原理。

3. 电机理论的可逆性原理

从基本电磁过程看，一台直流电机既可作为电动机运行，也可作为发电机运行，取决于外界条件设置。当外加直流电压时，直流电机可作为拖动生产机械的电动机运行，将电能变换为机械能；若用原动机拖动电枢旋转，可输出电能，则其作为发电机运行，将机械能变换为电能。

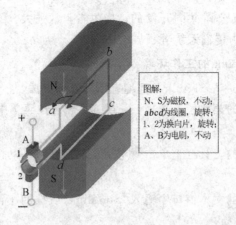

图解:
N、S为磁极，不动;
abcd为线圈，旋转;
1、2为换向片，旋转;
A、B为电刷，不动

图 3.3　直流发电机工作原理

3.1.2　直流电机模型及 MATLAB/Simulink 仿真实验

一、实验目的

（1）加深对直流电机工作原理、工作特性的理解。

（2）掌握直流电机 MATLAB/Simulink 的仿真建模方法，会设置各模块的参数。

二、实验设备

（1）PC。

（2）MATLAB 7.1.0 仿真软件。

三、实验内容

1. MATLAB 简介

MATLAB 是美国 MathWorks 公司出品的商业数学软件，用于算法开发、数据可视化、数据分析以及数值计算的高级技术计算语言和交互式环境。它主要包括 MATLAB 和 Simulink 两大部分。

MATLAB 是 matrix 和 laboratory 两个词的组合，意为矩阵实验室，早期主要用于解决科学和工程的复杂数学计算问题。由于它使用方便，输入便捷，运算高效，适应科技人员的思维方式，因此成为科技界广为使用的软件。

基于框图仿真平台的 Simulink 于 1993 年发行，它是以 MATLAB 强大计算功能为基础，以直观的模块框图进行仿真和计算的。Simulink 提供了各种仿真工具，尤其是它不断扩展的、内容丰富的模块库，为系统仿真提供了极大的便利。在 Simulink 平台上，通过拖拉和连接典型模块就可以绘制仿真对象的框图，对模型进行仿真。另外，Simulink 平台上的仿真模型可读性强，这就避免了在 MATLAB 窗口中使用 MATLAB 命令和函数仿真时需要熟悉记忆大量函数的问题。

Simulink 环境下的电力系统模块库（Powersystem Blockset）是由加拿大 HydroQuebec

和 TESCIM Internation 公司共同开发的，其功能非常强大，可以用于电路、电力电子系统、电机控制系统、电力传输系统等领域的仿真。

2. MATLAB/Simulink 的工作环境

从 MATLAB 窗口进入 Simulink 环境有以下几种方法。

（1）在 MATLAB 的菜单栏上选择 File 菜单，在下拉菜单中的 New 选项下选中 Model 命令。

（2）在 MATLAB 的工具栏上单击 ⚙ 按钮，然后在打开的模型库浏览窗口菜单上单击 ▯ 按钮。

（3）在 MATLAB 的文本窗口中输入"Simulink"后按回车键，然后在打开的模型库浏览窗口菜单上单击 ▯ 按钮。

完成上述操作之一后，屏幕上出现 Simulink 的工作窗口，如图 3.4 所示。在菜单栏上有 File(文件)、Edit(编辑)、View(查看)、Simulink(仿真)、Format(格式)、Tools(工具)和 Help(帮助)等主要功能菜单；第三栏是菜单命令的等效按钮。窗口下方有仿真状态提示栏，启动仿真后，在该栏中可以提示仿真进度和使用的仿真算法。窗口空白部分是绘制仿真模型框图的空间，这就是对系统仿真的主要工作平台。

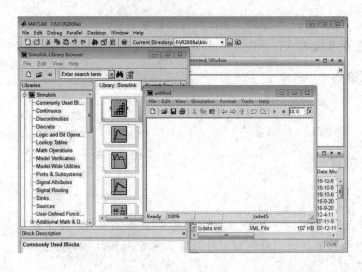

图 3.4　Simulink 工作窗口

在 Libraries 的 SimPowerSystems 模块库中有很多模块组，主要有电源、元件、电力电子、电机、测量、附加模块组等。

提取直流电动机模块（DC Machines）的路径为 SimPowerSystems/Machines/DC Machines。直流电机模型图标如图 3.5 所示。图中，dc 表示直流电机，F＋和 F－是直流电机励磁绕组的连接端，A＋和 A－是电机电枢绕组的连接端，TL 是电机负载转矩的输入端。TL 端的输入在模块对话框中有两种方式可以选用：一种是设定机械负载转矩；另一种是设定速度，前者更适合于电动机工作方式，后者更适合于发电机工作方式。m 端用于输出电机的内部

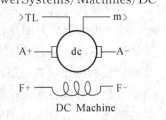

图 3.5　直流电机模型图标

变量和状态,在该端可以输出电机转速 $n(\mathrm{r/min})$、电枢电流 $I_\mathrm{a}(\mathrm{A})$、励磁电流 $I_\mathrm{f}(\mathrm{A})$ 和电磁转矩 $T_\mathrm{e}(\mathrm{N\cdot m})$ 四项参数。(注:电机转速也可表示为 ω,单位为 $\mathrm{rad/s}$。)

直流电机模块是建立在直流他励电机基础上的,可以通过励磁和电枢绕组的并联与串联组成并励或串励电机。该直流电机模型是工作在电动机状态还是发电机状态,则是由电机的转矩方向来决定的。

3. 实验仿真

仿真一台直流并励电动机的起动过程。电动机参数为:$P_\mathrm{N}=17\ \mathrm{kW}$,$U_\mathrm{N}=220\ \mathrm{V}$,$n_\mathrm{N}=3000\ \mathrm{r/m}$,电枢回路电阻 $R_\mathrm{a}=0.087\ \Omega$,电枢电感 $L_\mathrm{a}=0.0032\ \mathrm{H}$,励磁回路电阻 $R_\mathrm{f}=181.5\ \Omega$,电机转动惯量 $J=0.76\ \mathrm{kg\cdot m^2}$。

建立并励电动机的仿真模型如图 3.6 所示。直流电动机模块(DC Machine)的电枢和励磁并联后由直流电源 DC 供电,用 Step 模块给定电动机的负载转矩,在 DC Machine 的 m 端连接 Demux 模块,将 m 端输出的 4 个信号分为 4 路,以便通过示波器 Scope 观察,m 端输出的转速单位为 rad/s,这里使用了一个放大器(Gain),将转速单位 rad/s 转换为习惯的 r/min,变换系数为 $K=30/3.14$。该模型中各模块提取路径参见表 3.1。

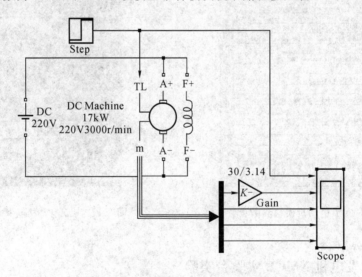

图 3.6　直流电动机直接起动仿真模型

表 3.1　直流电动机直接起动仿真线路模块

模块名	提取路径	备　注
直流电动机(DC Machine)	SimPowerSystems/Machines	
直流电源(DC)	SimPowerSystems/Electrical Sources	
阶跃信号(Step)	Simulink/Sources	用于施加负载转矩,设为空载起动,0.5s 时加载 60.1 N·m
放大信号(Gain)	Simulink/Math Operations	将转速单位 rad/s 变换为 r/min
信号分解(Demux)	Simulink/Signal Routing	
示波器(Scope)	Simulink/Sinks	

双击直流电动机模块，弹出直流电动机模块的参数设置对话框如图 3.7 所示。图中 Ra、La 和 Rf、Lf 分别为电枢回路与励磁回路的电阻和电感，J 为转动惯量。

设置仿真参数：在 Simulation 菜单栏下选择 Configuration Parameters，仿真时间设置 1 s，仿真算法设置 ode45，单击菜单栏中的 ▶ 按钮启动仿真。

观察波形：双击 Scope 模块，得到电动机的波形如图 3.8 所示，从上往下依次为给定的负载转矩"TL*"、电动机转速"speed"（记为"n"）、电枢电流"ia"，励磁电流"if"和电磁转矩"Te"。从波形可见，虽然电动机是空载起动，但起动电流很大，达到 2500 A 左右；当其转速从 0 上升到 3100 r/min 时，电枢电流下降到 0。在 0.5 s 电机加载，电机转速略有下降，电枢电流增加，电磁转矩上升；当电磁转矩与负载转矩平衡时，转速稳定在 3000 r/min。电磁转矩的波形与电枢电流类似，这是因为电磁转矩正比于电枢电流，但是两者单位不同。

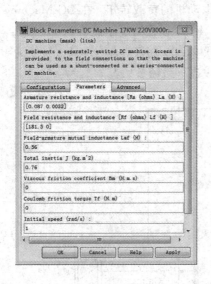

图 3.7　直流电动机模块参数设置

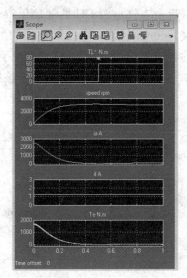

图 3.8　直流电动机直接起动波形

3.1.3　直流发电机 NMCL 实验台实验

一、实验目的

（1）掌握用实验方法测定直流发电机的运行特性，并根据所测得的运行特性评定该被试电机的有关性能。

（2）通过实验观察并励发电机的自励过程和自励条件。

二、实验设备

（1）实验台主控制屏。

（2）电机导轨及测功机。

（3）可调电阻箱（NMCL-03/4）。

（4）直流电动机电枢电源（NMCL-18/1）。

(5) 直流电动机励磁电源(NMCL – 18/2)。

(6) 同步发电机励磁电源/直流发电机励磁电源(NMCL – 18/3)。

(7) 直流电压表、毫安表、安培表。

(8) 开关板(NMCL – 05)。

(9) 直流电动机(M03)。

(10) 直流发电机(M01)。

三、实验内容

1. 直流他励发电机实验

按图 3.9 接线搭建实验线路。式中，G 为直流发电机 M01，$P_N = 100$ W，$U_N = 200$ V，$I_N = 0.5$ A，$n_N = 1600$ r/min；M 为直流电动机 M03，按他励方式接法连接；S 为双刀双掷开关，位于 NMCL – 05；R 为发电机负载电阻，位于 NMCL – 03/4 中(R_1)；mA_1 为毫安表，位于直流电动机励磁电源上；U_1、U_2、U_3 为分别为直流电动机电枢电源、直流电动机励磁电源和直流发电机励磁电源；将 NMCL – 18/3 中钮子开关拨向直流发电机励磁；V_2、mA_2、A 分别为直流电压表(量程为 300 V 挡)、直流毫安表(量程为 200 mA 挡)、直流安培表(量程为 2 A 挡)。

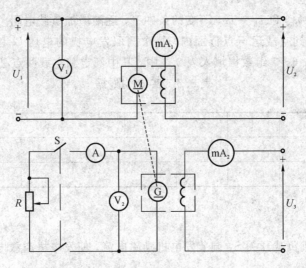

图 3.9　直流他励发电机接线图

1) 空载特性

(1) 打开发电机负载开关 S，将直流发电机励磁电流调至最大，接通直流发电机电源，此时，mA_2 读数最小。注意，正确选择各仪表的量程。

(2) 调节直流电动机电枢电源至最小，直流电动机励磁电流最大，接通直流电动机励磁电源，接通直流电动机电枢电源，使电机旋转。

(3) 从数字转速表上观察电机旋转方向，若电机反转，可先停机，将电枢或励磁两端接线对调，重新起动，则电机转向应符合正向旋转的要求。

(4) 调节电动机电枢电源至 220 V，再调节电动机励磁电流，使电动机(发电机)转速达到 1600 r/min(额定值)，并在以后整个实验过程中始终保持此转速额定值不变。

（5）调节发电机励磁电流，使发电机空载电压达 $U_0 = 1.2U_N$（240 V）为止。

（6）在保持电机额定转速（1600 r/min）条件下，从 $U_0 = 1.2U_N$ 开始，单方向调节直流发电机励磁电流，使发电机励磁电流逐次减小，直至 $I_{f2} = 0$。

每次测取发电机的空载电压 U_0 和励磁电流 I_{f2}，共取 7～8 组数据填入表 3.2 中。其中 $U_0 = U_N$ 和 $I_{f2} = 0$ 两点必测，并且在 $U_0 = U_N$ 附近测点应较密。

表 3.2 实 验 数 据

$n = n_N = 1600$ r/min

序号	1	2	3	4	5	6	7	8
U_0/V								
I_{f2}/A								

2）外特性

（1）在空载实验后，把发电机负载电阻 R 调到最大值，合上负载开关 S。

（2）调节电动机励磁电流、发电机励磁电流和负载电阻 R，使发电机的 $n = n_N$，$U = U_N$（200 V），$I = I_N$（0.5 A），该点（$U = 200$ V，$I = 0.5$ A）为发电机的额定运行点，其励磁电流称为额定励磁电流 $I_{f2N} = $ A。

（3）在保持 $n = n_N$ 和 $I_{f2} = I_{f2N}$ 不变的条件下，逐渐增加负载电阻（即减少发电机负载电流），在额定负载到空载运行点范围内，每次测取发电机的电压 U 和电流 I，直到空载（断开开关 S），共取 6～7 组数据填入表 3.3 中。其中额定和空载两点必测。

表 3.3 实 验 数 据

$n = n_N = 1600$ r/min，$I_{f2} = I_{f2N}$

序号	1	2	3	4	5	6	7	8
U/V								
I/A								

3）调整特性

（1）断开发电机负载开关 S，调节发电机励磁电流，使发电机空载电压达额定值（$U_N = 200$ V）。

（2）在保持发电机 $n = n_N$ 条件下，合上负载开关 S，调节负载电阻 R，逐次增加发电机输出电流 I，同时相应调节发电机励磁电流 I_{f2}，使发电机端电压保持额定值 $U = U_N$。从发电机的空载至额定负载范围内，每次测取发电机的输出电流 I 和励磁电流 I_{f2}，共取 5～6 组数据填入表 3.4 中。

表 3.4 实 验 数 据

$n = n_N = 1600$ r/min，$U = U_N = 200$ V

序号	1	2	3	4	5	6	7	8
I/A								
I_{f2}/A								

2. 直流并励发电机实验

1）观察自励过程

（1）断开主控制屏电源开关，即按下红色按钮。

按图 3.10 接线搭建实验线路。图中，mA_1 为直流毫安表，位于直流电动机励磁电源上；mA_2、A 分别为直流毫安表、直流电流表；R_f 采用 NMCL-03/4 中 R_2 的两只电阻相串联，并调至最大；R 采用 NMCL-03/4 中 R_1；S_1、S_2 位于 NMCL-05 中；V_1、V_2 均为直流电压表；M 为直流电动机 M03；G 为直流发电机 M01。

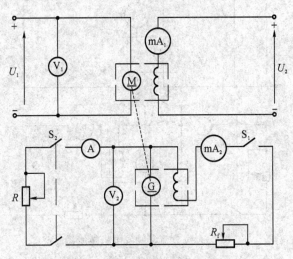

图 3.10　直流并励发电机接线图

（2）断开 S_1、S_2，按前述直流他励发电机实验中空载特性步骤（2）起动电动机，调节电动机转速，使发电机的转速 $n = n_N$，用直流电压表测量发电机是否有剩磁电压，若无剩磁电压，可将并励绕组改接他励进行充磁。

（3）合上开关 S_1，逐渐减少 R_f，观察电动机电枢两端电压，若电压逐渐上升，说明满足自励条件；如果不能自励建压，将励磁回路的两个端头对调连接即可。

2）外特性

（1）在直流并励发电机电压建立后，调节负载电阻 R 到最大，合上负载开关 S_2，调节电动机的励磁电源、发电机的磁场励磁电源和负载电阻 R，使发电机 $n = n_N$，$U = U_N$，$I = I_N$。

（2）保证此时 R_f 的值和 $n = n_N$ 不变的条件下，逐步减小负载，直至 $I = 0$。从额定到空载运行范围内，每次测取发电机的电压 U 和电流 I，共取 6~7 组数据填入表 3.5 中。其中额定和空载两点必测。

表 3.5　实 验 数 据

$n = n_N = 1600 \text{ r/min}$，$R_{f2} = $　A

序号	1	2	3	4	5	6	7	8
U/V								
I/A								

3. 直流复励发电机实验

1）积复励和差复励的判别

（1）实验线路如图 3.11 所示。图中，mA_1 为直流毫安表；V、A_2、mA_2 分别为直流电压表、直流电流表、直流毫安表；R_f 采用 NMCL - 03/4 中 R_2 的两只电阻相串联，并调至最大；R 采用 NMCL - 03/4 中 R_1；S_1、S_2 分别为单刀双掷和双刀双掷开关，位于 NMCL - 05 开关板上；M 为直流电动机 M03；G 为直流发电机 M01。

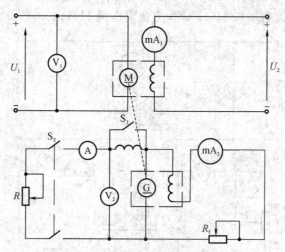

图 3.11　直流复励发电机接线图

按图 3.11 接线，先合上开关 S_1，将串励绕组短接，使发电机处于并励状态运行，按上述直流并励发电机实验中外特性步骤，调节发电机输出电流 $I = 0.5I_N$，$n = n_N$，$U = U_N$。

（2）打开短路开关 S_1，在保持发电机 n、R_f 和 R 不变的条件下，观察发电机端电压的变化，若该电压升高则为积复励，若该电压降低则为差复励。若要把差复励改为积复励，对调串励绕组接线即可。

2）直流积复励发电机的外特性

实验方法与测取直流并励发电机外特性的方法相同。先将发电机调到额定运行点，$n = n_N$，$U = U_N$，$I = I_N$，在保持此时的 R_f 和 $n = n_N$ 不变的条件下，逐次减小发电机负载电流，直至 $I = 0$。从额定负载到空载范围内，每次测取发电机的电压 U 和电流 I，共取 6～7 组数据填入表 3.6 中。其中额定和空载两点必测。

表 3.6　实 验 数 据

$n = n_N =$ 　r/min，$R_{f2} =$ 常数

序号	1	2	3	4	5	6	7
U/V							
I/A							

四、注意事项

起动直流电动机时，先把电枢电源调至最小、励磁电源调至最大，起动完毕后，再调节电枢电源。

五、实验报告

（1）根据空载实验数据，作出空载特性曲线，由空载特性曲线计算出被试电机的饱和系数和剩磁电压的百分数。

（2）在同一张坐标上绘出直流他励、并励和复励发电机的三条外特性曲线，试分别算出三种励磁方式的电压变化率：

$$\Delta U = \frac{U_0 - U_N}{U_N} \times 100\%$$

并分析存在差异的原因。

（3）绘出直流他励发电机调整特性曲线，分析在发电机转速不变的条件下，为什么负载增加时，要保持端电压不变，必须增加励磁电流的原因。

六、思考题

（1）直流并励发电机不能建立电压有哪些原因？

（2）在发电机-电动机组成的机组中，当发电机负载增加时，为什么机组的转速会变低？为了保持发电机的转速 $n = n_N$，应如何调节？

3.1.4　直流并励电动机 NMCL 实验台实验

一、实验目的

（1）掌握用实验方法测取直流并励电动机的工作特性和机械特性。

（2）掌握直流并励电动机的调速方法。

二、实验设备

（1）教学实验台的主控制屏。

（2）电机导轨及涡流测功机、转矩转速测量及控制（NMCL-13A）。

（3）可调电阻箱（NMCL-03/4）。

（4）直流电动机电枢电源（NMCL-18/1）。

（5）直流电动机励磁电源（NMCL-18/2）。

（6）同步发电机励磁电源/直流发电机励磁电源（NMCL-18/3）。

（7）直流电压表、毫安表、安培表。

（8）开关板（NMCL-05）。

（9）直流电动机（M03）。

三、实验内容

1. 直流并励电动机的工作特性和机械特性

实验线路如图 3.12（a）所示。图中，U_1、U_2 分别为直流电动机电枢电源、直流电动机励磁电源；mA、A、V_2 分别为直流毫安表、直流电流表、直流电压表；G 为涡流测功机，测功机加载控制位于 NMCL - 13A。

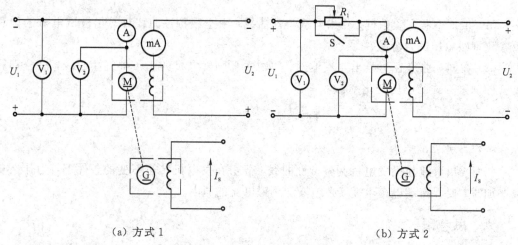

（a）方式 1　　　　　　　　　　　　　　　（b）方式 2

图 3.12　直流并励电动机接线图

　　（1）将直流电动机励磁电源调至最大，直流电动机电枢电源调至最小；直流毫安表量程为 200 mA 挡，直流电流表量程为 2 A 挡，直流电压表量程为 300 V 挡；检查涡流测功机与 NMCL - 13A 是否相连，将 NMCL - 13A"转速控制"和"转矩控制"选择开关拨向"转矩控制"；"转速/转矩设定"电位器逆时针旋到底，打开船形开关，按 3.1.3 节实验方法起动直流电源，使电机旋转，并调整电机的旋转方向，使电机正转。

　　（2）直流电机正常起动后，调节直流电动机电枢电源的输出电压至 220 V；再分别调节直流电动机励磁电源和"转速/转矩设定"电位器，使电动机达到额定值：$U=U_N=220$ V，$I_a=I_N$，$n=n_N=1600$ r/min，此时直流电机的励磁电流 $I_f=I_{fN}$（额定励磁电流）。

　　（3）保持 $U=U_N$、$I_f=I_{fN}$ 不变的条件下，逐次减小电动机的负载，即逆时针调节"转速/转矩设定"电位器，测取电动机电枢电流 I_a、转速 n 和转矩 T_2，共取数据 7～8 组填入表 3.7 中。

表 3.7　实验数据

$U=U_N=220$ V，$I_f=I_{fN}=$ 　　A，$K_a=$ 　　Ω

	序号	1	2	3	4	5	6	7	8
实验数据	I_a/A								
	$n/(r/min)$								
	$T_2/(N \cdot m)$								
计算数据	P_2/W								
	P_1/W								
	$\eta/\%$								
	$\Delta n/\%$								

2. 调速特性

1）改变电枢端电压的调速

实验线路如图 3.12(b)所示。图中，G 表示直流发电机 M01，$P_N = 100$ W，$U_N = 200$ V，$I_N = 0.5$ A，$n_N = 1600$ r/min；M 表示直流电动机 M03，按他励接法连接；S 为双刀双掷开关，位于 NMCL-05；R_1 采用 NMCL-03/4 中 R_3 的两只电阻相并联，并调至最大；mA 为直流毫安表，位于直流电动机励磁电源上；U_1、U_2、U_3 分别为直流电动机电枢电源、直流电动机励磁电源和直流发电机励磁电源；V_2、A 分别为直流电压表(量程为 300 V 挡)、直流安培表(量程为 2 A 挡)。

(1) 合上开关 S，按上述方法起动直流电机后，将电阻 R_1 调至零，并同时调节"转速/转矩设定"电位器、电枢电压和直流电动机励磁电源，使电动机的 $U = U_N$，$I_a = 0.5 I_N$，$I_f = I_{f_N}$，记录此时的 $T_2 = ($　　$)$N·m。

(2) 保持 T_2 和 $I_f = I_{fN}$ 不变，并打开开关 S，逐次增加 R_1 的阻值(即降低电枢两端的电压 U_a)，R_1 从零调至最大值，每次测取电动机的端电压 U_a、转速 n 和电枢电流 I_a，共取 7～8 组数据填入表 3.8 中。

表 3.8　实 验 数 据

$I_f = I_{fN} = $　　A，$T_2 = $　　N·m

序号	1	2	3	4	5	6	7	8
U_a/V								
n/(r/min)								
I_a/A								

2）改变励磁电流的调速

(1) 开关 S 闭合，直流电动机起动后，将直流电动机励磁电流调至最大，调节直流电动机电枢电源为 220 V，调节"转速/转矩设定"电位器，使电动机的 $U = U_N$，$I_a = 0.5 I_N$，记录此时的 $T_2 = ($　　$)$N·m。

(2) 保持 T_2 和 $U = U_N$ 不变，逐次减小直流电动机励磁电流，直至 $n = 1.3 n_N$，每次测取电动机的 n、I_f 和 I_a，共取 7～8 组数据填入表 3.9 中。

表 3.9　实 验 数 据

$U = U_N = 220$V，$T_2 = $　　N·m

序号	1	2	3	4	5	6	7	8
n/(r/min)								
I_f/A								
I_a/A								

3）能耗制动

实验线路按图 3.13 接线。图中，U_1 为直流电动机电枢电源；U_2 为直流电动机励磁电源；R_L 采用 NMCL-03/4 中电阻并联；S 为双刀双掷开关，位于 NMCL-05 中。

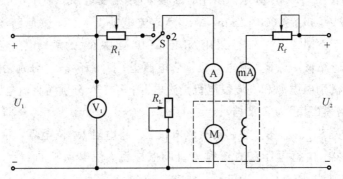

图 3.13　直流并励电动机能耗制动接线图

（1）将开关 S 合向"1"端，电枢电源调至最小，磁场电源调至最大，起动直流电机。

（2）运行正常后，从电机电枢的一端拨出一根导线，使电枢开路，电机处于自由停机，记录停机时间。

（3）重复起动电动机，待运转正常后，把 S 合向"2"端并记录停机时间。

（4）选择不同 R_L 阻值，观察其对停机时间的影响。

四、实验报告

（1）由表 3.7 计算出 P_2 和 η，并绘出 n、T_2、$\eta = f(I_a)$ 及 $n = f(T_2)$ 的特性曲线。电动机输出功率为

$$P_2 = 0.105nT_2$$

式中，输出转矩 T_2 的单位为 N·m；转速 n 的单位为 r/min。

电动机输入功率为

$$P_1 = UI$$

电动机效率为

$$\eta = \frac{P_2}{P_1} \times 100\%$$

电动机输入电流为

$$I = I_a + I_{fN}$$

由工作特性求出转速变化率为

$$\Delta n = \frac{n_0 - n_N}{n_N} \times 100\%$$

（2）绘出并励电动机调速特性曲线 $n = f(U_a)$ 和 $n = f(I_f)$。试分析在恒转矩负载时两种调速的电枢电流变化规律以及两种调速方法的优缺点。

（3）能耗制动时间与制动电阻 R_L 的阻值大小有什么关系，为什么？该制动方法有什么缺点？

五、思考题

（1）为什么并励电动机的速率特性 $n = f(I_a)$ 是略微下降？是否会出现上翘现象，为什么？上翘的速率特性对电动机运行有什么影响？

（2）当电动机的负载转矩和励磁电流不变时，减小电枢端压，为什么会引起电动机转速降低？

（3）当电动机的负载转矩和电枢端电压不变时，减小励磁电流会引起转速升高，为什么？

（4）并励电动机在负载运行中，当磁场回路断线时是否一定会出现"飞速"，为什么？

3.1.5　直流他励电动机的机械特性 NMCL 实验台实验

一、实验目的

了解直流他励电动机各种运转状态时的机械特性。

二、实验设备

（1）实验台主控制屏。

（2）电机导轨及转速表。

（3）可调电阻箱（NMCL - 03/4）。

（4）开关板（NMCL - 05）。

（5）直流电压表、电流表、毫安表。

（6）直流电动机电枢电源（NMCL - 18/1）。

（7）直流电动机励磁电源（NMCL - 18/2）。

（8）直流发电机励磁电源（NMCL - 18/3）。

三、实验内容

1. 电动及回馈制动特性

实验线路如图 3.14 所示。图中，M 为直流发电机 M01 作电动机使用（接成他励方式）；G 为直流并励电动机 M03（接成他励方式），$U_N = 220$ V，$I_N = 1.1$ A，$n_N = 1600$ r/min；V_1、V_2 为直流电压表，V_1 为 NMCL - 18/1 中直流电动机电枢电源自带，V_2 的量程为 300 V；mA_1、mA_2 均为 NMCL - 18/2 中直流励磁电源自带直流毫安表；A_1 选用量程为 5 A 的安培表；R_1 用 NMCL - 03/4 中的 R_1，R_2 用 NMCL - 03/4 中 R_2、R_3 与两组电阻串/并联；S_1、S_2 选用 NMCL - 05B 中的双刀双掷开关。

按图 3.14 接线完毕后，在开启电源前，检查开关、电阻等的设置。

（1）开关 S_1 合向"1"端，S_2 合向"2"端。

（2）R_2 阻值调至最大位置，直流发电机励磁电源、直流电动机励磁电源调至最大，直流电动机电枢电源调至最小。

（3）直流电动机励磁电源船形开关、直流发电机励磁电源船形开关和直流电动机电枢电源船形开关须在断开位置。

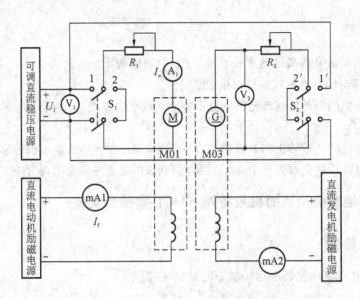

图 3.14　直流他励电动机机械特性测定接线图

实验步骤如下：

(1) 按次序先按下绿色"闭合"电源开关，再闭合直流电动机励磁电源、直流发电机励磁电源船形开关和直流电动机电枢电源船形开关，使直流电动机 M 起动运转；调节直流电机电枢电源，使 V_1 读数为 $U_N=220$ V。

(2) 分别调节直流电动机 M 的励磁电源、发电机 G 励磁电源、负载电阻 R_2，使直流电动机 M 的转速 $n_N=1600$ r/min，$I_f+I_a=I_N=0.55$ A，此时 $I_f=I_{fN}$，记录此值。

(3) 保持电动机的 $U=U_N=220$V，$I_f=I_{fN}$ 不变，改变 R_2 及直流发电机励磁电源，测取 M 在额定负载至空载范围的 n、I_a，共取 5～6 组数据填入表 3.10 中。

表 3.10　实　验　数　据

					$U_N=220$V, $I_{fN}=$　　A	
序号	1	2	3	4	5	6
I_a/A						
n/(r/min)						

(4) 拆掉开关 S_2 的短接线，调节直流发电机励磁电源，使发电机 G 的空载电压达到最大(不超过 220 V)，并且极性与电动机电枢电压相同。

(5) 保持电枢电源电压 $U=U_N=220$ V，$I_f=I_{fN}$，把开关 S_2 合向"1"端，调节 R_2 值使其减小直至为零。再调节直流发电机励磁电源使励磁电流逐渐减小，电动机 M 的转速升高，当 A_1 的电流值为 0 时，此时电动机转速为理想空载转速；继续减小直流发电机励磁电流，则电动机进入第二象限回馈制动状态运行直至其电流接近 0.8 倍额定值(实验中应注意，电动机转速不超过 2100 r/min)。

测取直流电动机 M 的 n、I_a，共取 5～6 组数据填入表 3.11 中。

表 3.11　实　验　数　据

$U_{\mathrm{N}}=220\mathrm{V}$，$I_{\mathrm{fN}}=\quad$A

序号	1	2	3	4	5	6
$I_{\mathrm{a}}/\mathrm{A}$						
$n/(\mathrm{r/min})$						

因为 $T_2 = C_{\mathrm{M}}\Phi I_2$，而 $C_{\mathrm{M}}\Phi$ 为常数，所以 $T \propto I_2$。为简便起见，本实验只要求 $n = f(I_{\mathrm{a}})$ 特性，参见图 3.15。

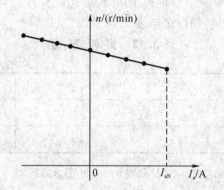

图 3.15　直流他励电动机电动及回馈制动特性

2. 电动及反接制动特性

实验线路如图 3.16 所示。图中，R_1 为 NMCL－03/4 中 900 Ω 电阻，R_2 为 NMCL－03/4 中 R_2、R_3 的两组电阻串/并联再与 R_1 串联。

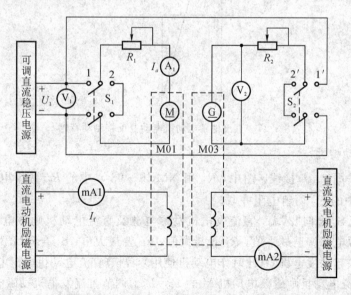

图 3.16　直流他励电动机机械特性测定接线图

操作前，把 S_1 合向"1"端，S_2 合向"2"端（短接线拆掉），发电机 G 的电枢二个插头对调。

实验步骤如下：

(1) 在未通上电源前，直流发电机励磁电源及直流电动机励磁电源调至最大值，直流电动机电源调至最小值，R_2 置最大值。

(2) 按前述方法起动电动机，测量发电机 G 的空载电压是否和直流稳压电源极性相反，若极性相反可把 S_2 合向"1"端。

(3) 调节直流电动机电枢电源电压 $U = U_N = 220$ V，调节直流电动机励磁电源使 $I_f = I_{fN}$，保持以上值不变，逐渐减小 R_2 阻值，使电机减速直至为零；继续减小 R_2 阻值，此时电动机工作于反接制动状态运行(第四象限)。

(4) 再减小 R_2 阻值，直至电动机 M 的电流接近 0.4 倍 I_N，测取电动机在第一、第四象限的 n、I_a，共取 5~6 组数据记录于表 3.12 中。

表 3.12 实 验 数 据

$R_2 = 900\Omega$，$U_N = 220V$，$I_{fN} = \quad A$

序号	1	2	3	4	5	6
I_a/A						
$n/(r/min)$						

为简便起见，本实验画出 $n = f(I_a)$ 特性，参见图 3.17。

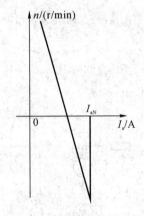

图 3.17 直流他励电动机电动及反接制动特性

3. 能耗制动特性

实验线路按图 3.16 接线。图中，R_1 用 NMCL-03/4 中的 R_2 两组电阻并联，R_2 用 NMCL-03/4 中的 R_3 两组电阻并联。

操作前，把 S_1 合向"2"端，直流发电机励磁电源及直流电动机励磁电源调至最大值，直流电动机电源电源调至最小值，R_2 置最大值，R_1 置最大值，S_2 合向"1"端。

按前述方法起动发电机 G(此时作电动机使用)，调节直流电动机电枢电源使 $U = U_N = 220$ V，调节直流电动机励磁使电动机 M 的 $I_f = I_{fN}$，调节直流发电机励磁电源使发电机 G 的 $I_f = 80$ mA。调节 R_2 使其阻值减小，使电动机 M 的能耗制动电流 I_a 接近 $0.4I_{aN}$，测取 I_a、n，共取 6~7 组数据记录于表 3.13 中。

表 3.13　实 验 数 据

$R_1 = 360\ \Omega$, $I_{fN} =$ 　mA

序号	1	2	3	4	5	6	7
I_a/A							
n/(r/min)							

调节 R_2，重复上述实验步骤，测取 I_a、n，共取 6～7 组数据记录于表 3.14 中。

表 3.14　实 验 数 据

$R_1 = 180\ \Omega$, $I_{fN} =$ 　mA

序号	1	2	3	4	5	6	7
I_a/A							
n/(r/min)							

当忽略不变损耗时，可近似认为电动机轴上的输出转矩等于电动机的电磁转矩 $T = C_M \Phi I_a$，他励电动机在磁通 Φ 不变的情况下，其机械特性可以由曲线 $n = f(I_a)$ 来描述。画出以上两条能耗制动特性曲线 $n = f(I_a)$，参见图 3.18。

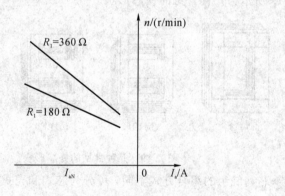

图 3.18　直流他励电动机能耗制动特性

四、注意事项

调节串/并联电阻时，要按电流的大小而相应调节串联或并联电阻，防止电阻过流而烧毁熔断丝。

五、实验报告

根据实验数据绘出电动机运行在第一、第二、第四象限的制动特性 $n = f(I_a)$ 及能耗制动特性 $n = f(I_a)$。

六、思考题

(1) 回馈制动实验中，如何判别电动机运行在理想空载点？

(2) 如果直流电动机从第一象限运行到第二象限转子旋转方向不变，试问电磁转矩的方向是否也不变？为什么？

（3）M、G 实验机组，当电动机 M 从第一象限运行到第四象限时其转向反了，而电磁转矩方向不变，为什么？作为负载的 G，从第一象限运行到第四象限其电磁矩方向是否改变，为什么？

3.2　变压器实验

3.2.1　变压器结构及工作原理简介

一、变压器的基本结构

变压器的基本结构分为三个部分：铁芯、绕组和其他结构部件。

1. 铁芯——变压器的磁路

铁芯由铁芯柱和铁轭两部分组成。铁芯柱套有绕组，铁轭用于闭合磁路。为了提高导磁性能和减少铁损，变压器的主磁路用厚为 0.35 mm～0.5 mm、表面涂有绝缘漆的热轧或冷轧硅钢片叠成。为了降低磁路的磁阻，一般采用交错叠装方式，即将每层硅钢片的接缝错开。图 3.19 所示为几种常见的铁芯形状。

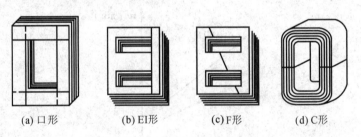

(a) 口形　　　(b) EI形　　　(c) F形　　　(d) C形

图 3.19　几种常见的铁芯形状

变压器按铁芯和绕组的组合方式不同，可分为芯式和壳式两种，如图 3.20 所示。

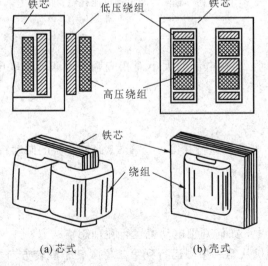

(a) 芯式　　　　　　　　(b) 壳式

图 3.20　变压器的结构形式

芯式变压器的铁芯被绕组所包围，它的用铁量比较少，多用于大容量的变压器，如电力变压器等。

壳式变压器的绕组被铁芯所包围，它的用铁量比较多，但不需要专用的变压器外壳，常用于小容量的变压器，如各种电子设备和仪器中的变压器。

2. 绕组——变压器的电路

绕组是变压器的电路，一般用绝缘铜线或铝线(扁线或圆线)绕制而成。

双绕组变压器及其表示符号如图 3.21 所示。一个绕组与电源相连，称为一次绕组(或原绕组)；相应的这一侧称为一次侧(或原边)。另一个绕组与负载相连，称为二次绕组(或副绕组)；相应的这一侧称为二次侧(或副边)。

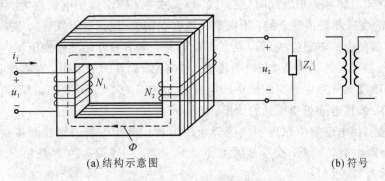

(a) 结构示意图　　　　　　　　　　(b) 符号

图 3.21　双绕组变压器及其表示符号

3. 其他结构附件

变压器附件如图 3.22 所示，油浸式电力变压器的结构中还包括油箱、绝缘套管、储油柜、安全气道等。

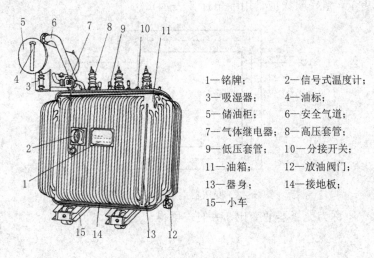

1—铭牌；　　　　　2—信号式温度计；
3—吸湿器；　　　　4—油标；
5—储油柜；　　　　6—安全气道；
7—气体继电器；　　8—高压套管；
9—低压套管；　　　10—分接开关；
11—油箱；　　　　12—放油阀门；
13—器身；　　　　14—接地板；
15—小车

图 3.22　变压器附件

二、变压器的工作原理

变压器是一种电磁耦合元件，通过磁路的耦合作用把交流电能从原边传递到副边，利用绕制在同一铁芯上的原绕组和副绕组之间的匝数不等,把电压从原绕组的某一数量等级改变为副绕组的另一数量等级。

变压器的主要部件是一个铁芯和套在铁芯上的两个绕组。两绕组只有磁耦合而没有电联系。在一次绕组中加上交变电压,产生交链一、二次绕组的交变磁通,在两绕组中分别感应电动势 e_1、e_2。根据电磁感应定律可写出电动势的瞬时方程式为

$$e_1 = -N_1 \frac{\mathrm{d}\Phi}{\mathrm{d}t}, \quad e_2 = -N_2 \frac{\mathrm{d}\Phi}{\mathrm{d}t}$$

铁芯的作用是加强两个线圈间的磁耦合。为了减少铁内涡流和磁滞损耗,铁芯由涂漆的硅钢片叠压而成。两个线圈之间没有电的联系,线圈由绝缘铜线(或铝线)绕成。其中,一个线圈接交流电源称为初级线圈(或原线圈);另一个线圈接用电器称为次级线圈(或副线圈)。实际的变压器是很复杂的,不可避免地存在铜损(线圈电阻发热)、铁损(铁芯发热)和漏磁(经空气闭合的磁感应线)等,为了简化讨论,本节只介绍理想变压器。

理想变压器成立的条件是:忽略漏磁通,忽略原、副线圈的电阻,忽略铁芯的损耗,忽略空载电流(副线圈开路原线圈线圈中的电流)。例如,电力变压器在满载运行时(副线圈输出额定功率)即接近理想变压器的情形。

变压器是利用电磁感应原理制成的静止用电器。当变压器的原线圈接在交流电源上时,铁芯中便产生交变磁通,交变磁通用 Φ 表示。原、副线圈中的 Φ 是相同的,Φ 也是简谐函数,表示为 $\Phi = \Phi M \sin\omega t$。

由法拉第电磁感应定律可知,原、副线圈中的感应电动势分别为

$$e_1 = -\frac{N_1 \mathrm{d}\Phi}{\mathrm{d}t}, \quad e_2 = -\frac{N_2 \mathrm{d}\Phi}{\mathrm{d}t}$$

式中,N_1、N_2 分别为原、副线圈的匝数。由图 3.23 可知,$U_1 = -e_1$,$U_2 = e_2$(原线圈物理量用下角标 1 表示,副线圈物理量用下角标 2 表示)。

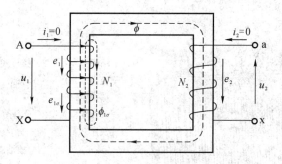

图 3.23　变压器电磁感应原理图

令 $k = N_1/N_2$ 称为变压器的变比。由上式可得

$$\frac{U_1}{U_2} = -\frac{N_1}{N_2} = -k$$

即变压器原、副线圈电压有效值之比等于其匝数比,而且原、副线圈电压的相位差为 π。

进而得出

$$\frac{U_1}{U_2} = \frac{N_1}{N_2}$$

在空载电流可以忽略的情况下，有

$$\frac{I_1}{I_2} = -\frac{N_2}{N_1}$$

即原、副线圈电流有效值大小与其匝数成反比，且相位差为 π。

进而可得 $I_1/I_2 = N_2/N_1$ 理想变压器原、副线圈的功率相等，$P_1 = P_2$。

说明：理想变压器本身无功率损耗。实际变压器总存在损耗，其效率为 $\eta = P_2/P_1$。电力变压器的效率很高，可达 90% 以上。

3.2.2　单相变压器 NMCL 实验台实验

一、实验目的

(1) 通过空载和短路实验测定变压器的变比和参数。

(2) 通过负载实验测取变压器的运行特性。

二、预习要点

(1) 变压器的空载和短路实验的特点；实验中电源电压一般加在哪一方较合适？

(2) 在空载和短路实验中，各种仪表应怎样连接才能使测量误差最小？

(3) 用实验方法测定变压器的铁耗及铜耗的方法。

三、实验设备

(1) 交流电压表、电流表、功率表、功率因数表。

(2) 可调电阻箱(NMCL - 03/4)。

(3) 开关板(NMCL - 05)。

(4) 单相变压器。

四、实验内容

1. 空载实验

实验线路如图 3.24 所示。

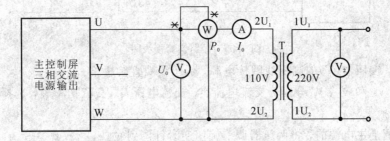

图 3.24　空载实验接线图

实验时，变压器的低压线圈 $2U_1$、$2U_2$ 接电源，高压线圈 $1U_1$、$1U_2$ 开路。

(1) A 和 V_1、V_2 分别为交流电流表和交流电压表，用其中一只电压表交替观察变压器的原、副边电压读数；W 为交流功率表。注意，电压线圈和电流线圈的同名端，避免接错线。

（2）未通上主电源前，将调压器旋钮逆时针方向旋转到底；合理选择各仪表量程；变压器(T)中，$U_{1N}/U_{2N}=220$ V/110 V，$I_{1N}/I_{2N}=0.4$ A/0.8 A。

（3）合上交流电源总开关，即按下绿色"闭合"开关，顺时针调节调压器旋钮，使变压器空载电压 $U_0=1.2U_N$。

（4）在 $1.2U_N\sim0.5U_N$ 的范围内，逐次降低电源电压。测取变压器的 U_0、I_0、P_0，共取 $6\sim7$ 组数据，记录于表 3.15 中。其中 $U=U_N$ 的点必须测取，并在该点附近测取的点应密些。为了计算变压器的变化，在 U_N 以下测取原边电压的同时测取副边电压，填入表 3.15 中。

（5）测取数据以后，断开三相电源，以便为下次实验作好准备。

表 3.15 实 验 数 据

序　号	实 验 数 据				计算数据
	U_0/V	I_0/A	P_0/W	$U_{1U_1,1U_2}/V$	$\cos\varphi_2$
1					
2					
3					
4					
5					
6					
7					

2. 短路实验

实验线路如图 3.25 所示。（注意，每次改接线路时，都要关断电源。）

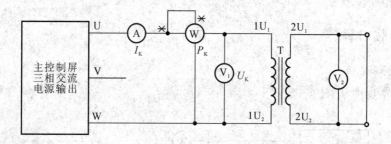

图 3.25 短路实验接线图

实验时，变压器(T)的高压线圈接电源，低压线圈直接短路。

（1）A、V_1 和 V_2、W 分别为交流电流表、交流电压表、交流功率表，选择方法同空载实验。

（2）未通上主电源前，将调压器调节旋钮逆时针调到底。

（3）合上交流电源绿色"闭合"开关，接通交流电源，逐次增加输入电压，直到短路电流等于 $1.1I_N$ 为止。在 $0.5I_N\sim1.1I_N$ 范围内，测取变压器的 U_K、I_K、P_K，共取 $6\sim7$ 组数据，记录于表 3.16 中。其中 $I_K=I_N$ 的点必测，并记录实验时周围环境温度(℃)。

表 3.16 实 验 数 据

室温 $\theta=$ ℃

序 号	实 验 数 据			计算数据
	U_K/V	I_K/A	P_K/W	$\cos\varphi_2$
1				
2				
3				
4				
5				
6				
7				

3. 负载实验

实验线路如图 3.26 所示。

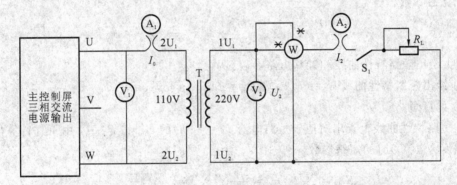

图 3.26 负载实验接线图

实验时,变压器(T)低压线圈接电源,高压线圈经过开关 S_1 接到负载电阻 R_L 上,R_L 选用 NMCL-03/4 的 R_1 电阻。开关 S_1 采用 NMCL-05 的双刀双掷开关;交流电压表、交流电流表、交流功率表(含功率因数表)的选择同空载实验。

(1) 未通上主电源前,将调压器调节旋钮逆时针调到底,S_1 断开,负载电阻值调节到最大。

(2) 合上交流电源,逐渐升高电源电压,使变压器输入电压 $U_1=U_N=110$ V。

(3) 在保持 $U_1=U_N$ 的条件下,闭合开关 S_1,逐渐增加负载电流,即减小负载电阻 R_L 的值,从空载到额定负载范围内,测取变压器的输出电压 U_2 和电流 I_2。

(4) 测取数据时,$I_2=0$ 和 $I_2=I_{2N}=0.8$ A 的点必测,共取数据 6～7 组,记录于表 3.17 中。

表 3.17 实 验 数 据

$\cos\varphi_2=1, U_1=U_N=110$ V

序号	1	2	3	4	5	6	7
U_2/V							
I_2/A							

五、注意事项

（1）在变压器实验中，交流电压表、交流电流表、交流功率表应合理布置。

（2）短路实验操作要快，否则线圈发热会引起电阻值变化。

六、实验报告

（1）计算变比。由空载实验测取变压器的原、副边电压的三组数据，分别计算出变比；然后取其平均值作为变压器的变比 K。

$$K = \frac{U_{1U_1 , 1U_2}}{U_{2U_1 , 2U_2}}$$

（2）绘出空载特性曲线和计算激磁参数。

① 绘出空载特性曲线 $U_0 = f(I_0)$、$P_0 = f(U_0)$、$\cos\varphi_0 = f(U_0)$。$\left(存在，\cos\varphi_0 = \dfrac{P_0}{U_0 I_0}\right)$

② 计算激磁参数。从空载特性曲线上查出对应于 $U_0 = U_N$ 时的 I_0 和 P_0 值，并由下式计算出激磁参数。

$$r_m = \frac{P_0}{I_0^2}，\quad Z_m = \frac{U_0}{I_0}，\quad X_m = \sqrt{Z_m^2 - r_m^2}$$

（3）绘出短路特性曲线和计算短路参数。

① 绘出短路特性曲线 $U_K = f(I_K)$、$P_K = f(I_K)$、$\cos\varphi_K = f(I_K)$。

② 计算短路参数。

从短路特性曲线上查出对应于短路电流 $I_K = I_N$ 时的 U_K 和 P_K 值，由下式计算出实验环境温度为 $\theta(℃)$ 时的短路参数。

$$Z_K' = \frac{U_K}{I_K}，\quad r_K' = \frac{P_K}{I_K^2}，\quad X_K' = \sqrt{Z_K'^2 - r_K'^2}$$

折算到低压线圈有

$$Z_K = \frac{Z_K'}{K^2}，\quad r_K = \frac{r_K'}{K^2}，\quad X_K = \frac{X_K'}{K^2}$$

由于短路电阻 r_K 随温度而变化，因此计算出的短路电阻值应按国家标准换算到基准工作温度（75℃）时的阻值。计算公式如下：

$$r_{K75℃} = r_{K\theta} \frac{234.5 + 75}{234.5 + \theta}，\quad Z_{K75℃} = \sqrt{r_{K75℃}^2 + X_K^2}$$

式中，234.5 为铜导线的常数。（若用铝导线，则该常数应改为 228。）

阻抗电压为

$$U_K = \frac{I_N Z_{K75℃}}{U_N} \times 100\%，\quad U_{Kr} = \frac{I_N r_{K75℃}}{U_N} \times 100\%，\quad U_{KX} = \frac{I_N X_K}{U_N} \times 100\%$$

$I_K = I_N$ 时的短路损耗为 $P_{KN} = I_N^2 r_{K75℃}$。

（4）利用空载和短路实验测定的参数，画出被试变压器折算到低压方的"Γ"型等效电路。

（5）变压器的电压变化率 ΔU。试绘出 $\cos\varphi_2 = 1$ 的外特性曲线 $U_2 = f(I_2)$，并由特性曲线计算出 $I_2 = I_{2N}$ 时的电压变化率 ΔU。

$$\Delta U = \frac{U_{20} - U_2}{U_{20}} \times 100\%$$

3.2.3　三相变压器 NMCL 实验台实验

一、实验目的

(1) 通过空载和短路实验，测定三相变压器的变比和参数。

(2) 通过负载实验，测取三相变压器的运行特性。

二、预习要点

(1) 如何用双瓦特计法测三相功率；空载和短路实验应如何合理布置仪表。

(2) 三相芯式变压器的三相空载电流是否对称，为什么？

(3) 测定三相变压器的铁耗和铜耗的方法。

(4) 变压器空载和短路实验应注意的问题；电源应加在哪一方较合适？

三、实验设备

(1) 交流电压表、电流表、功率表、功率因数表。

(2) 可调电阻箱（NMCL - 03/4）。

(3) 开关板（NMCL - 05）。

(4) 三相变压器。

四、实验内容

1. 测定变比

实验线路如图 3.27 所示，被试变压器选用三相芯式变压器。

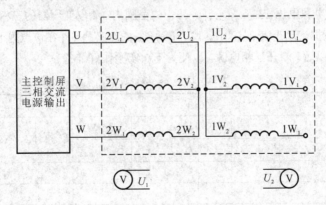

图 3.27　三相变压器变比实验接线图

(1) 三相交流电源断电，将调压器旋钮逆时针方向旋转到底；合理选择各仪表量程。

(2) 合上交流电源总开关，即按下绿色"闭合"开关，顺时针调节调压器旋钮，使变压器空载电压 $U_0 = 0.5U_N$，测取高、低压线圈的线电压 $U_{1U_1,1V_1}$、$U_{1V_1,1W_1}$、$U_{1W_1,1U_1}$、$U_{2U_1,2V_1}$、$U_{2V_1,2W_1}$、$U_{2W_1,2U_1}$，记录于表 3.18 中。

表 3.18　实 验 数 据

线电压		变比	线电压		变比	线电压		变比	平均值
U/V		K_{UV}	U/V		K_{VW}	U/V		K_{WU}	$K=\dfrac{1}{3}(K_{UV}$
$U_{1U_1,1V_1}$	$U_{2U_1,2V_1}$		$U_{1V_1,1W_1}$	$U_{2V_1,2W_1}$		$U_{1W_1,1U_1}$	$U_{2W_1,2U_1}$		$+K_{VW}+K_{WU})$

$$K_{UV}=\frac{U_{1U_1,1V_1}}{U_{2U_1,2V_1}}, \quad K_{VW}=\frac{U_{1V_1,1W_1}}{U_{2V_1,2W_1}}, \quad K_{WU}=\frac{U_{1W_1,1U_1}}{U_{2W_1,2U_1}}$$

2. 空载实验

实验线路如图 3.28 所示。实验时，变压器的低压线圈接电源，高压线圈开路。

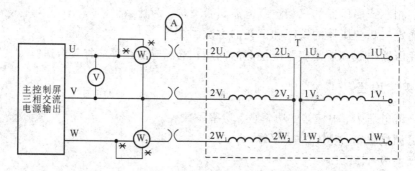

图 3.28　三相变压器空载实验接线图

在图 3.28 中，A、V、W_1 和 W_2 分别为交流电流表、交流电压表、交流功率表。交流功率表接线时，需注意电压线圈和电流线圈的同名端，避免接错线。

(1) 接通电源前，先将交流电源调到输出电压为零的位置。合上交流电源总开关，即按下绿色"闭合"开关，顺时针调节调压器旋钮，使变压器空载电压 $U_0=1.2U_N$。

(2) 逐次降低电源电压，在 $1.2U_N \sim 0.5U_N$ 的范围内，测取变压器的三相线电压、电流和功率，共取 6～7 组数据记录于表 3.19 中。其中 $U=U_N$ 的点必测，并在该点附近测的点应密些。

(3) 测量数据以后，断开三相电源，以便为下次实验作好准备。

表 3.19　实 验 数 据

序号	实 验 数 据								计 算 数 据			
	U_0/V			I_0/A			P_0/W		U_0/V	I_0/A	P_0/W	$\cos\varphi_0$
	$U_{2U_1,2V_1}$	$U_{2V_1,2W_1}$	$U_{2W_1,2U_1}$	$I_{2U_{10}}$	$I_{2V_{10}}$	$I_{2W_{10}}$	P_{01}	P_{02}				
1												
2												
3												
4												
5												
6												
7												

3. 短路实验

实验线路如图 3.29 所示。图中，变压器的高压线圈接电源，低压线圈直接短路。

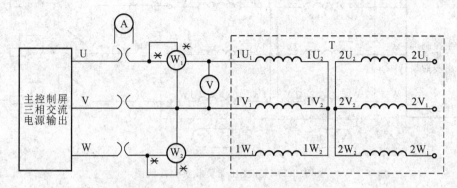

图 3.29　三相变压器短路实验接线图

接通电源前，将交流电压调到输出电压为零的位置；接通电源后，逐渐增大电源电压，使变压器的短路电流 $I_K=1.1I_N$。然后逐次降低电源电压，在 $1.1I_N \sim 0.5I_N$ 的范围内，测取变压器的三相输入电压、电流及功率，共取 4~5 组数据记录于表 3.20 中。其中 $I_K=I_N$ 点必测。实验时，记下周围环境温度(℃)作为线圈的实际温度。

表 3.20　实 验 数 据

$\theta=\quad$ ℃

序号	实 验 数 据								计 算 数 据			
	U_K/V			I_K/A			P_K/W		U_K/V	I_K/A	P_K/W	$\cos\varphi_K$
	$U_{1U_1,1V_1}$	$U_{1V_1,1W_1}$	$U_{1W_1,1U_1}$	I_{1U_1}	I_{1V_1}	I_{1W_1}	P_{K1}	P_{K2}				
1												
2												
3												
4												
5												

4. 纯电阻负载实验

实验线路如图 3.30 所示，图中，变压器的低压线圈接电源，高压线圈经开关 S(NMCL - 05)接负载电阻 R_L，R_L 选用 NMCL - 03/4 中 R_2 电阻。

(1) 将负载电阻 R_L 调至最大，合上开关 S 接通电源，调节交流电压，使变压器的输入电压 $U_1=U_{1N}$。

(2) 在保持 $U_1=U_{1N}$ 的条件下，逐次增加负载电流，从空载到额定负载范围内，测取变压器三相输出线电压和相电流，共取 5~6 组数据记录于表 3.21 中。其中 $I_2=0$ 和 $I_2=I_N$ 两点必测。

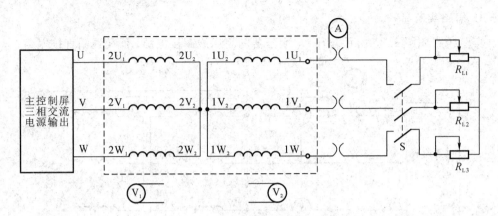

图 3.30　三相变压器负载实验接线图

表 3.21　实 验 数 据

$U_{uv} = U_{1N} = \quad$ V, $\cos\varphi_2 = 1$

序号	U/V				I/A			
	$U_{1U_1,1V_1}$	$U_{1V_1,1W_1}$	$U_{1W_1,1U_1}$	U_2	I_{1U_1}	I_{1V_1}	I_{1W_1}	I_2
1								
2								
3								
4								
5								
6								

五、注意事项

在三相变压器实验中，应注意交流电压表、交流电流表和交流功率表的合理布置。做短路实验时操作要快，否则线圈发热会引起电阻值变化。

六、实验报告

（1）计算变压器的变比。

根据实验数据，计算出各项的变比，然后取其平均值作为变压器的变比。

$$K_{UV} = \frac{U_{1U_1,1V_1}}{U_{2U_1,2V_1}}, \quad K_{VW} = \frac{U_{1V_1,1W_1}}{U_{2V_1,2W_1}}, \quad K_{WU} = \frac{U_{1W_1,1U_1}}{U_{2W_1,2U_1}}$$

（2）根据空载实验数据作空载特性曲线，并计算激磁参数。

① 绘出空载特性曲线 $U_0 = f(I_0)$、$P_0 = f(U_0)$、$\cos\varphi_0 = f(U_0)$。其中

$$U_0 = \frac{U_{2U_1,2V_1} + U_{2V_1,2W_1} + U_{2W_1,2U_1}}{3}$$

$$I_0 = \frac{I_{2U_{10}} + I_{2V_{10}} + I_{2W_{10}}}{3}$$

$$P_0 = P_{01} + P_{02}, \quad \cos\varphi_0 = \frac{P_0}{\sqrt{3} U_0 I_0}$$

② 计算激磁参数。从空载特性曲线查出对应于 $U_0 = U_N$ 时的 I_0 和 P_0 值，并由下式求取激磁参数。

$$r_m = \frac{P_0}{3 I_0^2}, \quad Z_m = \frac{U_0}{\sqrt{3} I_0}, \quad X_m = \sqrt{Z_m^2 - r_m^2}$$

（3）绘出短路特性曲线和计算短路参数。

① 绘出短路特性曲线 $U_K = f(I_K)$，$P_K = f(I_K)$，$\cos\varphi_K = f(I_K)$。其中

$$U_K = \frac{U_{1U_1, 1V_1} + U_{1V_1, 1W_1} + U_{1W_1, 1U_1}}{3}$$

$$I_K = \frac{I_{1U_1} + I_{1V_1} + I_{1W_1}}{3}$$

$$P_K = P_{K1} + P_{K2}, \quad \cos\varphi_K = \frac{P_K}{\sqrt{3} U_K I_K}$$

② 计算短路参数。从短路特性曲线查出对应于 $I_K = I_N$ 时的 U_K 和 P_K 值，并由下式计算出实验环境温度 $\theta℃$ 时的短路参数。

$$r'_K = \frac{P_K}{3 I_N^2}, \quad Z_K = \frac{U_K}{\sqrt{3} I_N}, \quad X'_K = \sqrt{Z_K'^2 - r_K'^2}$$

折算到低压线圈，有

$$Z_K = \frac{Z'_K}{K^2}, \quad r_K = \frac{r'_K}{K^2}, \quad X_K = \frac{X'_K}{K^2}$$

换算到基准工作温度的短路参数为 $r_{K75℃}$ 和 $Z_{K75℃}$，计算出阻抗电压。

$$U_K = \frac{\sqrt{3} I_N Z_{K75℃}}{U_N} \times 100\%$$

$$U_{Kr} = \frac{\sqrt{3} I_N r_{K75℃}}{U_N} \times 100\%$$

$$U_{KX} = \frac{\sqrt{3} I_N X_K}{U_N} \times 100\%$$

$I_K = I_N$ 时的短路损耗为 $P_{KN} = 3 I_N^2 r_{K75℃}$。

（4）利用由空载和短路实验测定的参数，画出被试变压器的"Γ"形等效电路。

（5）变压器的电压变化率 ΔU。

① 根据实验数据绘出 $\cos\varphi_2 = 1$ 时的特性曲线 $U_2 = f(I_2)$，由特性曲线计算出 $I_2 = I_{2N}$ 时的电压变化率 ΔU。

$$\Delta U = \frac{U_{20} - U_2}{U_{20}} \times 100\%$$

② 根据实验求出的参数，计算出 $I_2 = I_N$、$\cos\varphi_2 = 1$ 时的电压变化率 ΔU。

$$\Delta U = \beta(U_{Kr}\cos\varphi_2 + U_{KX}\sin\varphi_2)$$

3.3　交流异步电机实验

3.3.1　三相交流异步电机结构及工作原理简介

异步电机是一种交流电机，其负载时的转速与所接电网的频率之比不是恒定关系，并且还随着负载的大小发生变化。负载转矩越大，转子的转速越低。异步电机包括感应电机、双馈异步电机和交流换向器电机。感应电机应用最广，在不致引起误解混淆的情况下，一般可称感应电机为异步电机。

一、异步电机的基本结构

异步电机因转子转速小于旋转磁场的转速而得名，基本原理基于电磁感应。其主要构造由定子和转子两部分组成，如图 3.31 所示。

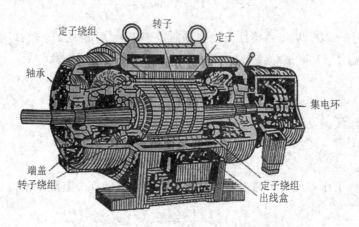

图 3.31　三相绕线式异步电机结构示意图

异步电动机是由定子和转子两大部分组成的。转子之间有气隙，为减少励磁电流，提高功率因数，气隙应做得尽可能的小。按转子结构不同，异步电动机分为鼠笼式异步电动机和绕线式异步电动机两种。这两种电动机定子结构完全一样，只是转子结构不同。下面简单介绍定子与转子结构。

1. 异步电机定子

异步电机定子由定子铁芯、定子绕组、机座和端盖等组成。机座的主要作用是用来支撑电机各部件，因此它应有足够的机械强度和刚度，通常用铸铁制成。为了减少涡流和磁滞损耗，定子铁芯用 0.5 mm 厚涂有绝缘漆的硅钢片叠成，铁芯内圆周上有许多均匀分布的槽，槽内嵌放定子绕组。定子绕组分布在定子铁芯的槽内，小型电动机的定子绕组通常用漆包线绕制；三相绕组在定子内圆周空间彼此相隔 120°，共有六个出线端，分别引至电动机接线盒的接线柱上。三相定子绕组可以连接成星形（Y）或三角形（△），如图 3.32 所示。其接法根据电动机的额定电压和三相电源电压而定,通常三个绕组的首端分别用 U_1、V_1、W_1 表示,末端分别用 U_2、V_2、W_2 表示。整个定子铁芯装在机座内,机座主要起支撑和固定作用。

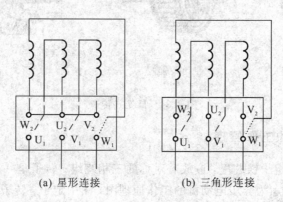

(a) 星形连接　　　　　(b) 三角形连接

图 3.32　三相定子绕组接法

2. 异步电机转子

转子由转子铁芯、转子绕组和转轴组成。转子铁芯是电动机磁路的一部分,由 0.5 mm 硅钢片叠成。该铁芯与转轴必须可靠地固定,以便传递机械功率。转子铁芯的外圆周上也冲满槽,槽内安放转子绕组。转子绕组分绕线式和鼠笼式两种。绕线式转子为三相对绕组,常连接成星形,3 条出线通过轴上的 3 个滑环及压在其上的 3 个电刷把电路引出,这 3 种电动机在起动和调速时,可以在转子电路中串入外接电阻或进行串级调速。绕线式转子如图 3.33 所示。

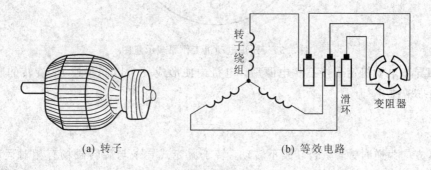

(a) 转子　　　　　　　　(b) 等效电路

图 3.33　绕线式转子

鼠笼式绕组是一个自己短路的绕组。在转子的每个槽里放上一根导体,在铁芯的两端用端环连接起来,形成一个短路的绕组。如果把转子铁芯拿掉,则可看出,剩下来的绕组形状像个松鼠笼子,如图 3.34(a) 所示,因此又叫作鼠笼式转子。导条的材料有用铜的,也有用铝的。如果用的是铜料,就需要把事先制作好的裸铜条插入转子铁芯上的槽里,再用铜端环套在伸出两端的铜条上,最后焊在一起,如图 3.34(b) 所示。如果用的是铸铝,就连同端环、风扇一次铸成,如图 3.34(c) 所示。鼠笼式转子结构简单,制造方便,是一种经济、耐用的电机,所以应用极广。虽然绕线式异步电动机与鼠笼式异步电动机的结构不同,但它们的工作原理是相同的。

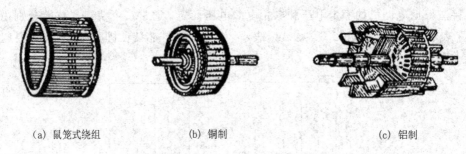

(a) 鼠笼式绕组　　　　　　　(b) 铜制　　　　　　　　(c) 铝制

图 3.34　鼠笼式转子

二、异步电机的工作原理

在异步电动机的定子铁芯里，嵌放着对称的三相绕组；转子是一个闭合的多相绕组鼠笼式电机。图 3.35 所示为异步电动机的工作原理图，图中定子、转子上的小圆圈表示定子绕组和转子导体。

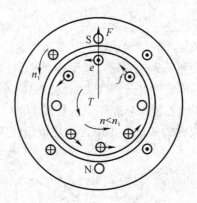

图 3.35　异步电动机工作原理示意图

三相异步电动机定子接三相电源后，电机内便形成一个以同步速 n_1 旋转的圆形旋转磁场。同步转速 n_1 为

$$n_1 = \frac{60f}{p}$$

设其方向为逆时针转，若转子不转动，转子鼠笼式导条与旋转磁场有相对运动，导条中有感应电动势 e，方向由右手定则确定。由于转子导条彼此在端部短路，于是导条中有电流，当不考虑电动势与电流的相位差时，电流方向与电动势方向相同。这样，导条就在磁场中受力 f，用左手定则确定受力方向，电磁力对转轴形成一个电磁转矩，其作用方向与旋转磁场方向一致，拖着转子顺着旋转磁场的旋转方向旋转，将输入的电能变成旋转的机械能。

综上分析可知，三相异步电动机转动的基本原理如下：

(1) 三相对称绕组中通入三相对称电流产生圆形旋转磁场。

(2) 转子导体切割旋转磁场产生感应电动势和电流。

(3) 转子载流导体在磁场中受到电磁力的作用，从而形成电磁转矩，驱使电动机转子转动。

异步电动机的旋转方向始终与旋转磁场的旋转方向一致，而旋转磁场的方向又取决于异步电动机的三相电流相序，因此三相异步电动机的转向与电流的相序一致。要改变其转向，只需改变电流的相序即可，即任意对调电动机的两根电源线可使电动机反转，异步电动机的转速恒小于旋转磁场转速，因为只有这样，转子绕组才能产生电磁转矩，使电动机旋转。如果 $n = n_1$，转子绕组与定子磁场之间无相对运动，则转子绕组中无感应电动势和感应电流产生。可见，$n < n_1$ 是异步电动机工作的必要条件，也是称为"异步"的原因。我们把 $\Delta n = n_1 - n$ 称为转速差；而把 Δn 与 n_1 之比称为转差率，用 s 表示，即

$$s = \frac{n_1 - n}{n_1}$$

这是异步电动机的一个重要参数，在很多情况下用 s 表示电动机的转速要比直接用转速 n 方便得多，使很多运算大为简化。一般异步电动机的额定转差率为 0.02～0.05，它反映异步电动机的各种运行情况。对异步电动机而言，当转子尚未转动（如起动瞬间）时，$n = 0$，此时转差率 $s = 1$；当转子转速接近同步转速（空载运行）时，转差率 $s \approx 0$。由此可见，异步电动机的转速在 0～n_1 范围内变化时，其转差率 s 在 0～1 范围内变化。

异步电动机负载越大，转速就越慢，其转差率就越大；反之，负载越小，转速就越大，其转差率就越小。转差率直接反映了转子转速的快慢或电动机负载的大小。

3.3.2　三相交流异步电机模型及 MATLAB/Simulink 仿真实验

一、实验目的

（1）加深对三相异步电机工作原理、工作特性的理解。

（2）掌握异步电机 MATLAB/Simulink 的仿真建模方法，会设置各模块的参数。

二、实验设备

（1）PC。

（2）MATLAB 7.1.0 仿真软件。

三、实验内容

1. 模型建立

异步电动机由正弦电压直接供电是最常见的工作方式，使用最广泛，仿真这种工况可以对异步电动机的特点有更深的理解。正弦电压直接供电的异步电动机模型如图 3.36 所示。图中，三相电动机模型 Asynchronous Machine（路径为 SimPowerSystems/Machines/Asynchronous Machine SI Units）连接三相正弦电源（ua、ub、uc，路径为 SimPowerSystems/Electrical Sources/AC Voltage Source）；电动机负载由常数模块 TL 设定，电动机参数通过电动机测量模块 Machines Measurement Demux（路径为 SimPowerSystems/Machines/Machines Measurement Demux）测量；通过示波器（路径为 Simulink/Sinks/Scope）观测电动机定子电流（isa，isb,isc）、转子三相电流（ira,irb,irc）、转速 speed 和转矩 Te；并且由 XY 图示仪（XY Graph，路径为 Simulink/Sinks/XY Graph）观测电动机的机械特性（转矩-转速特性）。

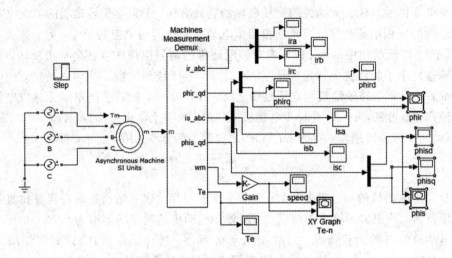

图 3.36　三相异步电动机特性研究模型

2. 参数设置

三相正弦电源幅值均为 220 V、频率均为 50 Hz，A 相初始相位角为 0°，B 相初始相位角为 240°，C 相初始相位角为 120°。

交流电动机模块采用国际制(Asynchronous Machine SI Units)，其参数设置为，绕组类型取鼠笼式(Squirrle-cage)，线电压取 380 V，频率取 50 Hz；其他参数设置为 P_n=4.7 kW，U_n=380 V，f_n=50 Hz，定子绕组电阻 R_s=0.68 Ω，定子绕组电感 L_{ls}=0.0042 H，转子绕组电阻 R_r'=0.45 Ω，转子绕组漏感 L'_{lr}=0.0042 H，互感 L_m=0.1486 H，转动惯量 J=0.05 kg·m，摩擦系数 F=0.0081 N·m·s，极对数 p=2。

电动机测量单元模块参数设置：

(1) 电动机类型取异步电动机，在定子电流(stator currents)、定子磁通(stator fluxes)、转子电流(rotor currents)、转子磁通(rotor fluxes)、转子转速(rotor speed)和电磁转矩(electromagnetic torque)选项前面打"√"，表明只观测这些物理量。

(2) 电动机负载加载时间为 0.5 s，加载值为 70。

(3) 仿真算法为 ode23t，仿真时间为 1.6 s。

3. 仿真分析

电动机在额定电压下空载起动时的波形如图 3.37 所示。

从波形图 3.37(a)中可以看到，起动时电动机转速迅速上升，在 0.2 s 后达到稳定转速 1500 r/min；若在 0.5 s 时给电动机加上负载 70 N·m，电动机转速下降，转差率变大；在 1 s 左右时转速下降为 0，这是因为该负载大于电动机的额定负载，1 s 后电动机转速变为负值，这时相当于电动机带位能性负载，负载过大引起电动机反转的工作情况(倒拉反接工作状态)。

在电动机起动到空载运行和过载过程中，电动机的定子电流与转子电流分别如图 3.37(b)和(c)所示。在起动中，随着转速上升定子电流减小；在 0.5 s 加载后，定子电流迅速增大，定子电流为 50 Hz 的正弦波。转子电流的变化与定子电流的相同，但是从转子电流的波形可以看到，转子电流的频率随电动机转差率而变化，在起动过程中，随着转速上升转差率变小，转子电流频率下降；当电动机达到理想空载转速 1500 r/min 时，转子电流的大小和频率都为 0；加载后随转速的下降和反向后转差率变大，转子电流的频率又增加。

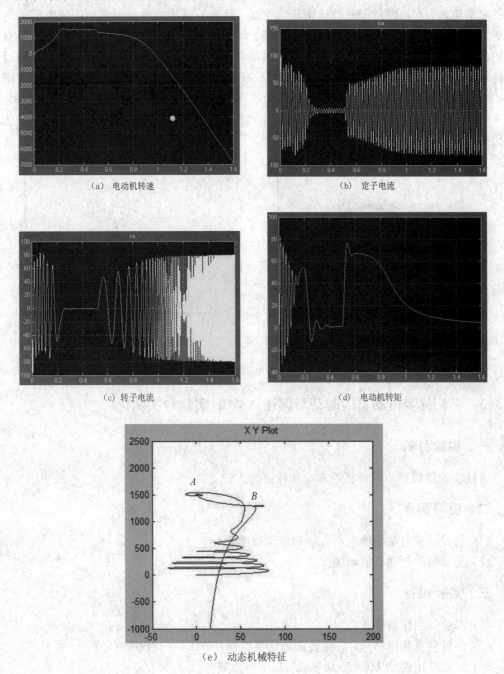

(a)　电动机转速　　　　　　　　　　　　　　(b)　定子电流

(c)　转子电流　　　　　　　　　　　　　　(d)　电动机转矩

(e)　动态机械特征

图 3.37　三相异步电动机直接起动模型

图 3.37(d) 是电动机的转矩响应，起动中交流电动机的转矩是有波动的，在严重过载引起电动机反转时，电动机产生的转矩很小 (1.2 s 后)。

图 3.37(e) 是电动机的动态机械特性，其中 A 点是电动机空载转速达到同步转速时的工作点；加载后，工作点从 A 移向 B，B 点对应电动机的最大转矩；是机械特性的转折点；

之后转速继续下降，机械特性进入不稳定区。

　　图 3.38 为电动机在上述工作过程中电动机定子和转子的磁链轨迹。其中图 3.38(a)是定子磁链轨迹，起动时定子磁链从零开始建立，然后不断增大并旋转，在正弦电压下电动机达到稳定转速后定子磁链的轨迹是一个圆。转子磁链(参见图 3.38(b))与定子磁链有一样的建立过程，其中外圆是电动机在空载稳态时的磁链轨迹，内圆是转速下降并反转后的磁链轨迹。可以看出，转速下降并反向后，转子磁链明显减小，因此电动机的转速急剧下降(参见图 3.37(a))。在仿真中用 XY 图示仪可以清楚地看到电动机磁场的运行过程，这是一般仪器难以看到的，仿真将电动机运行的各个瞬时状态呈现在大家眼前，体现了仿真的优点。

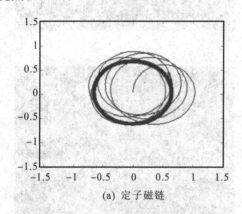

(a) 定子磁链

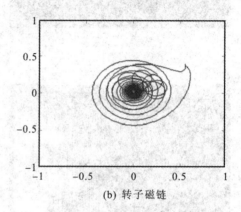

(b) 转子磁链

图 3.38　异步电动机的磁链轨迹

3.3.3　三相异步电动机的起动与调速 NMCL 实验台实验

一、实验目的

通过实验掌握异步电动机的起动和调速的方法。

二、预习要点

(1) 复习异步电动机的起动方法和起动技术指标。
(2) 复习异步电动机的调速方法。

三、实验设备

(1) 实验台主控制屏。
(2) 电机导轨及测功机、转矩转速测量及控制(NMCL - 13A)。
(3) 交流电压表、电流表、功率表、功率因数表。
(4) 开关板(NMCL - 05)。
(5) 可调电阻箱(NMCL - 03/4)。
(6) 三相鼠笼式异步电动机(M04)。
(7) 绕线式异步电动机(M09)。

四、实验内容

1. 三相鼠笼式异步电动机直接起动

实验线路按图 3.39 接线，电机绕组为△接法。

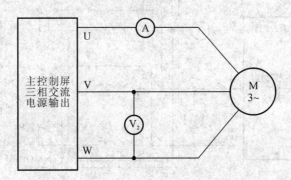

图 3.39　异步电动机直接起动实验接线图

起动前，把转矩转速测量实验箱（NMCL–13A）中"转速/转矩设定"电位器旋钮逆时针调到底，"转速控制""转矩控制"选择开关拨向"转矩控制"，检查电机导轨和 NMCL–13A 的连接是否良好。

（1）把三相交流电源调节旋钮逆时针调到底，合上绿色"闭合"按钮开关。调节调压器，使输出电压达电机额定电压 220 V，使电机起动旋转。

注意：电机起动后，观察 NMCL–13A 中的转速表，如出现电机转向不符合要求，则须切断电源，调整相序，再重新起动电机。

（2）断开三相交流电源，待电动机完全停止旋转后，接通三相交流电源，使电机全压起动，观察电机起动瞬间电流值。

（3）断开三相交流电源，将调压器退到零位。用起子插入测功机堵转孔中，将测功机定子和转子堵住。

（4）合上三相交流电源，调节调压器，观察交流电流表，使电机电流达 2～3 倍额定电流，读取电压值 U_K、电流值 I_K、转矩值 T_K，填入表 3.22 中。

表 3.22　实验数据

测　量　值			计　算　值	
U_K/V	I_K/A	$T_K/(N \cdot m)$	$T_{ST}/(N \cdot m)$	I_{ST}/A

注意：实验时，通电时间不应超过 10 s，以免绕组过热。

对应于额定电压的起动转矩 T_{ST} 和起动电流 I_{ST} 计算如下：

$$T_{ST} = \left(\frac{I_{ST}}{I_K}\right)^2 T_K$$

式中，I_K 为起动实验时的电流值，单位为 A；T_K 为起动实验时的转矩值，单位为 N · m。

$$I_{ST} = \left(\frac{U_N}{U_K}\right) I_K$$

式中，U_K 为起动实验时的电压值，单位为 V；U_N 为电机额定电压，单位为 V。

2. 星形-三角形（Y-△）起动

实验线路按图 3.40 接线，开关 S 选用 NMCL-05。

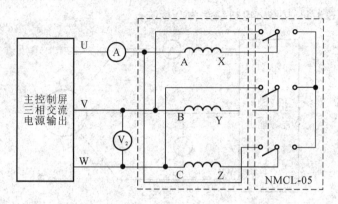

图 3.40　异步电机星形-三角形起动

（1）起动前，把三相调压器退到零位，三刀双掷开关合向右边（Y 接法）。合上电源开关，逐渐调节调压器，使输出电压升高至电机额定电压 $U_N = 220$ V，断开电源开关，待电机停转。

（2）待电机完全停转后，合上电源开关，观察起动瞬间的电流，然后把 S 合向左边（△接法），电机进入正常运行，整个起动过程结束。观察起动瞬间交流电流表的显示值，以与其他起动方法作定性比较。

3. 自耦变压器降压起动

实验线路按图 3.39 接线，电机绕组为△接法。

（1）先把调压器调到零位，合上电源开关，调节调压器旋钮，使输出电压达 110 V，断开电源开关，待电机停转。

（2）待电机完全停转后，再合上电源开关，使电机经自耦变压器降压起动，观察交流电流表的瞬间读数值；经一定时间后，调节调压器使输出电机达电机额定电压 $U_N = 220$ V，整个起动过程结束。

4. 绕线式异步电动机转绕组串接可变电阻器起动

实验线路如图 3.41 所示，电机定子绕组为 Y 接法。转子串接的电阻由刷形开关来调节，调节电阻采用 NMCL-03/4 的绕线电机起动电阻（分 0、2、5、15、∞ 五挡），NMCL-13A 中"转矩控制"和"转速控制"开关拨向"转速控制"，"转速/转矩设定"电位器旋钮逆时针调节到底。

（1）起动电源前，把调压器调至零位，起动电阻调节为零。

（2）合上交流电源，调节交流电源使电机起动。请注意，电机转向是否符合要求。

（3）在定子电压为 180 V 时，顺时针调节"转速/转矩设定"电位器到底，绕线式电机转动缓慢（只有几十转），读取此时的转矩值 T_{ST} 和电流值 I_{ST}。

（4）用刷形开关切换起动电阻，分别读出起动电阻为 2 Ω、5 Ω、15 Ω 的起动转矩 T_{ST} 和起动电流 I_{ST}，填入表 3.23 中。

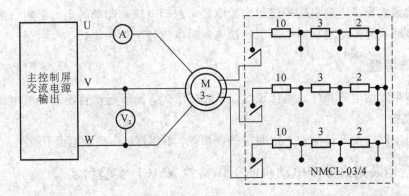

图 3.41 绕线式异步电机转子绕线串接电阻起动实验接线图

表 3.23 实 验 数 据

$U = 180\text{V}$

序号	1	2	3	4
R_{ST}/Ω	0	2	5	15
$T_{ST}/(\text{N} \cdot \text{m})$				
I_{ST}/A				

注意: 实验时通电时间不应超过 20 s,以免绕组过热。

5. 绕线式异步电动机绕组串接可变电阻器调速

实验线路如图 3.41 所示。将 NMCL-13A 中"转矩控制"和"转速控制"选择开关拨向"转矩控制","转速/转矩设定"电位器逆时针旋到底,NMCL-03/4"绕线电机起动电阻"调节到零。

(1)合上电源开关,调节调压器输出电压至 $U_N = 220$ V,使电机空载起动。

(2)调节"转速/转矩设定"电位器调节旋钮,使电动机输出功率接近额定功率并保持输出转矩 T_2 不变;改变转子附加电阻,分别测出对应的转速,记录于表 3.24 中。

表 3.24 实 验 数 据

$U = 220\text{V}, T_2 = \quad \text{N} \cdot \text{m}$

序号	1	2	3	4
R_{ST}/Ω	0	2	5	15
$n/(\text{r/min})$				

五、实验报告

(1)比较异步电动机不同起动方法的优缺点。

(2)由起动实验数据求下述三种情况下的起动电流和起动转矩:

① 外施额定电压 U_N。(直接起动)

② 外施电压为 $U_N/\sqrt{3}$。(Y-△起动)

③ 外施电压为 U_K/K_A(式中 K_A 为起动用自耦变压器的变比)。(自耦变压器起动)

（3）绕线式异步电动机转子绕组串接电阻对起动电流和起动转矩的影响。

（4）绕线式异步电动机转子绕组串接电阻对电机转速的影响。

六、思考题

（1）如果起动电流和外施电压正比，那么在什么情况下起动转矩和外施电压的平方成正比才能成立？

（2）起动时的实际情况和上述假定是否相符，不相符的主要因素是什么？

3.3.4　三相鼠笼式异步电动机的工作特性 NMCL 实验台实验

一、实验目的

（1）掌握三相异步电机的空载、堵转和负载试验的方法。

（2）用直接负载法测取三相鼠笼式异步电动机的工作特性。

（3）测定三相鼠笼式异步电动机的参数。

二、预习要点

（1）异步电动机工作特性的含义。

（2）异步电动机等效电路的参数及其物理意义。

（3）工作特性和参数的测定方法。

三、实验设备

（1）实验台主控制屏。

（2）电机导轨及测功机、转矩转速测量及控制（NMCL-13A）。

（3）交流电压表、电流表、功率表、功率因数表。

（4）直流电压表、毫安表、安培表。

（5）直流电机仪表、电源。

（6）可调电阻箱（NMCL-03/4）。

（7）开关板（NMCL-05）。

（8）三相鼠笼式异步电动机（M04）。

四、实验内容

1. 测量定子绕组的冷态直流电阻

准备：将电机在室内放置一段时间，用温度计测量电机绕组端部或铁芯的温度。当所测温度与冷动介质温度之差不超过 2 K 时，即为实际冷态。记录此时的温度和测量定子绕组的直流电阻，此电阻值即为冷态直流电阻。

1）伏安法

测量线路如图 3.42 所示。图中，S_1、S_2 为双刀双掷和单刀双掷开关，位于 NMCL-05；R 采用 NMCL-03/4 中 R_1 电阻；mA、V 分别为直流毫安表和直流电压表，可采用

NMCL-06(或在主控制屏上)。

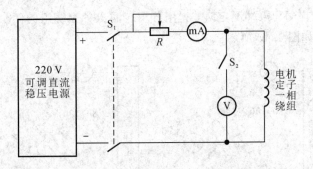

图 3.42　三相交流绕组电阻的测定

　　量程的选择：测量时，通过的测量电流约为电机额定电流的 10％(即为 50 mA)，因而直流毫安表的量程用 200 mA 挡。三相鼠笼式异步电动机定子一相绕组的电阻约为 50 Ω，因而当流过的电流为 50 mA 时电压约为 2.5 V，所以直流电压表量程用 20 V 挡。实验开始前，合上开关 S_1，断开开关 S_2，调节电阻 R 至最大。

　　实验时，分别合上绿色"闭合"按钮开关和直流电动机电枢电源的船形开关，调节直流电枢电源及可调电阻 R，使实验电机电流不超过电机额定电流的 10％，以防止因实验电流过大而引起绕组的温度上升，读取电流值；再接通开关 S_2 读取电压值。读完后，先打开开关 S_2，再打开开关 S_1。

　　调节 R 使直流毫安表分别为 50 mA、40 mA、30 mA 测取三次，取其平均值，测量定子三相绕组的电阻值，记录于表 3.25 中。

表 3.25　实 验 数 据

室温_____℃

序号	绕组 I			绕组 II			绕组 III		
I/mA									
U/V									
R/Ω									

注意事项：

(1) 在测量时，电动机的转子须静止不动。

(2) 测量通电时间不应超过 1 min。

2) 电桥法(选做)

　　用单臂电桥测量电阻时，应先将刻度盘旋到电桥能大致平衡的位置；然后按下电池按钮，接通电源，等电桥中的电源达到稳定后，方可按下检流计按钮接入检流计。测量完毕后，应先断开检流计，再断开电源，以免检流计受到冲击。实验数据记录于表 3.26 中。

　　电桥法测定绕组直流电阻准确度和灵敏度高，并有直接读数的优点。

表 3.26　实 验 数 据

序号	绕组 I	绕组 II	绕组 III
R/Ω			

2. 测定定子绕组的首端和末端

对定子绕组的首端和末端测定时，先用万用表测出各相绕组的两个线端，将其中的任意二相绕组串联，如图 3.43 所示。

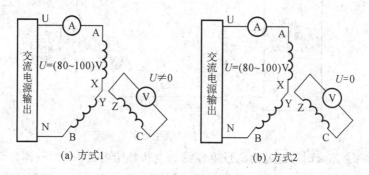

(a) 方式1　　　　　　　　　　　(b) 方式2

图 3.43　三相交流绕组首端与末端的测定

将调压器调压旋钮调至零位，合上绿色"闭合"按钮开关，接通交流电源，调节交流电源，在绕组端施以单相低电压 $U=(80{\sim}100)$ V。注意，电流不应超过额定值，测出第三相绕组的电压，若测得的电压有一定读数，则表示两相绕组的末端与首端相联，如图 3.43(a) 所示；反之，若测得电压近似为零，则二相绕组的末端与末端（或首端与首端）相连，如图 3.43(b) 所示。用同样方法测出第三相绕组的首端和末端。

3. 空载实验

测量电路如图 3.44 所示，电机绕组为△接法（$U_N=220$ V），且电机不与测功机同轴连接，不带测功机。

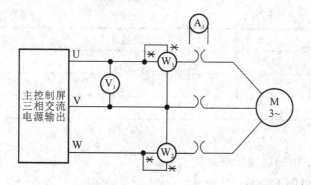

图 3.44　三相鼠笼式异步电机空载实验接线图

（1）起动电压前，把交流电压调节旋钮调至零位；然后接通电源，逐渐升高电压，使电机起动旋转，观察电机旋转方向，并使电机旋转方向符合要求。（若电动机转向不符合要求，则对调任意两相电源。）

（2）保持电动机在额定电压下空载运行数分钟，使机械损耗达到稳定后再进行试验。

（3）调节电压由 1.2 倍额定电压开始逐渐降低，直至电流或功率显著增大为止。在该范围内读取空载电压、空载电流、空载功率。

（4）在测取空载实验数据时，在额定电压附近应多测几点数组，共取 7~9 组数据记录于表 3.27 中。

表 3.27　实 验 数 据

序号	U_{0C}/V			I_{0L}/A			P_0/W			$\cos\varphi$
	U_{AB}	U_{BC}	U_{CA}	I_A	I_B	I_C	P_I	P_{II}	$P_{II}+P_I$	
1										
2										
3										
4										
5										
6										
7										
8										
9										

4. 短路实验

测量线路如图 3.44 所示，将测功机和三相异步电机同轴连接。

(1) 将起子插入测功机堵转孔中，使测功机定转子堵住。将三相调压器调至零位。

(2) 合上交流电源，调节调压器使之逐渐升压至短路电流达到 1.2 倍额定电流，再逐渐降压至 0.3 倍额定电流为止。

(3) 在该范围内读取短路电压、短路电流、短路功率，共取 4～5 组数据填入表 3.28中。注意，做完实验后，取出测功机堵转孔中的起子。

表 3.28　实 验 数 据

序号	U_{0C}/V				I_{0L}/A				P_0/W			$\cos\varphi_K$
	U_{AB}	U_{BC}	U_{CA}	U_K	I_A	I_B	I_C	I_K	P_I	P_{II}	P_K	
1												
2												
3												
4												
5												

5. 负载实验

选用设备和测量接线同空载实验，参见图 3.44。实验开始前，NMCL - 13A 中的"转速控制"和"转矩控制"选择开关拨向"转矩控制"，"转速/转矩设定"旋钮逆时针调到底。

(1) 合上交流电源，调节调压器使之逐渐升压至额定电压，并在实验中保持此额定电压不变。

(2) 调节测功机"转速/转矩设定"旋钮使之加载，使异步电动机的定子电流逐渐上升，直至电流上升到 1.25 倍额定电流。

(3) 从该负载开始，逐渐减小负载直至空载，在这个范围内读取异步电动机的定子电流、输入功率及转矩、转速等数据，共读取 5～6 组数据记录于表 3.29 中。

表 3.29 实 验 数 据

$U_N = 220$ V($\triangle$)

序号	I_{0L}/A				P_0/W			T_2/(N·m)	n/(r/min)	P_2/W
	I_A	I_B	I_C	I_I	P_I	P_{II}	P_{I+II}			
1										
2										
3										
4										
5										
6										

五、实验报告

(1) 计算基准工作温度时的相电阻。

由实验直接测得每相阻值，此值为实际冷态电阻值；冷态温度为室温，按下式换算到基准工作温度时的定子绕组相电阻为

$$r_{lef} = r_{lc} \frac{235 + \theta_{ref}}{235 + \theta_C}$$

式中，r_{lef} 为换算到基准工作温度时定子绕组的相电阻，单位为 Ω；r_{lc} 为定子绕组的实际冷态相电阻，单位为 Ω；θ_{ref} 为基准工作温度，对于 E 级绝缘取为 75℃；θ_C 为实际冷态时定子绕组的温度，单位为℃。

(2) 作空载特性曲线：I_0、P_0、$\cos\varphi_0 = f(U_0)$。

(3) 作短路特性曲线：I_K、$P_K = f(U_K)$。

(4) 由空载、短路实验数据求异步电机等效电路的参数。

① 由短路实验数据求短路参数。

短路阻抗为 $Z_K = \dfrac{U_K}{I_K}$，短路电阻为 $r_K = \dfrac{P_K}{3I_K^2}$，短路电抗为 $X_K = \sqrt{Z_K^2 - r_K^2}$。其中，$U_K$、$I_K$、$P_K$ 由短路特性曲线上查得，分别表示相应于 I_K 额定电流时的相电压、相电流、三相短路功率。

转子电阻的折合值为 $r_2' \approx r_K - r_1$，定、转子漏抗分别为 $X'_{K1\sigma} \approx X'_{2\sigma} \approx \dfrac{X_K}{2}$。

② 由空载实验数据求激磁回路参数。

空载阻抗为 $Z_0 = \dfrac{U_0}{I_0}$，空载电阻为 $r_0 = \dfrac{P_0}{3I_0^2}$，空载电抗为 $X_0 = \sqrt{Z_0^2 - r_0^2}$。其中，$U_0$、$I_0$、$P_0$ 分别表示相应于 U_0 为额定电压时的相电压、相电流、三相空载功率。

激磁电抗为 $X_m = X_0 - X_{1\sigma}$，激磁电阻为 $r_m = \dfrac{P_{Fe}}{3I_0^2}$。其中，$P_{Fe}$ 为额定电压时的铁耗，由图 3.45 确定。

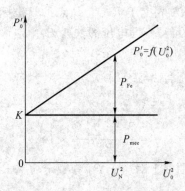

图 3.45 电机中的铁耗和机械耗

（5）作工作特性曲线 P_1、I_1、n、η、s、$\cos\varphi_1 = f(P_2)$。

由负载实验数据计算工作特性，填入表 3.30 中。

表 3.30 实 验 数 据

$U_1 = 220$ V（△），$I_f =$ A

序号	电动机输入		电动机输出		计 算 值		
	I_1/A	P_1/W	T_2/(N·m)	n/(r/min)	P_2/W	s/%	η/%	$\cos\varphi_1$
1							
2							
3							
4							
5							
6							

计算公式为

$$I_1 = \frac{I_A + I_B + I_C}{3\sqrt{3}}, \quad s = \frac{1500 - n}{1500} \times 100\%$$

$$\cos\varphi_1 = \frac{P_1}{3U_1 I_1}, \quad P_2 = 0.105 n T_2, \quad \eta = \frac{P_2}{P_1} \times 100\%$$

式中，I_1 为定子绕组相电流，单位为 A；U_1 为定子绕组相电压，单位为 V；s 为转差率；η 为效率。

（6）由损耗分析法求额定负载时的效率。

电动机的损耗有：① 铁耗 P_{Fe}；② 机械损耗 P_{mec}；③ 定子铜耗 $P_{Cu1} = 3I_1^2 r_1$；④ 转子铜耗 $P_{Cu2} = \dfrac{P_{em}s}{100}$；⑤ 杂散损耗 P_{ad} 取为额定负载时输入功率的 0.5%。

P_{em} 为电磁功率（单位为 W），计算公式为

$$P_{em} = P_1 - P_{Cu1} - P_{Fe}$$

铁耗和机械损耗之和为

$$P_0' = P_{Fe} + P_{mec} = P_0 - 3I_0^2 r_1$$

为了分离铁耗和机械损耗，作曲线 $P_0' = f(U_0^2)$，如图 3.45 所示。

延长曲线的直线部分与纵轴相交于 P 点，P 点的纵坐标即为电动机的机械损耗 P_{mec}；过 P 点作平行于横轴的直线，可得不同电压的铁耗 P_{Fe}。

电机的总损耗

$$\sum P = P_{Fe} + P_{Cu1} + P_{Cu2} + P_{ad}$$

于是求得额定负载时的效率为

$$\eta = \frac{P_1 - \sum P}{P_1} \times 100\%$$

式中，P_1、s、I_1 由工作特性曲线上对应于 P_2 为额定功率 P_N 时查得。

六、思考题

(1) 由空载、短路实验数据求取异步电机的等效电路参数时，有哪些因素会引起误差？

(2) 从短路实验数据我们可以得出哪些结论？

(3) 由直接负载法测得的电机效率和用损耗分析法求得的电机效率各有哪些因素会引起误差？

3.3.5　异步电动机的 T-s 曲线测绘 NMCL 实验台实验

一、实验目的

用本电机教学实验台的测功机转速闭环功能测绘各种异步电机的转矩-转差率曲线，并加以比较。

二、实验原理

异步电机的机械特性如图 3.46 所示。

在某一转差率 s_m 时，转矩有一最大值 T_m，称为异步电机的最大转矩；s_m 称为临界转差率。T_m 是异步电动机可能产生的最大转矩，如果负载转矩 $T_z > T_m$，电动机将承担不了而停转。起动转矩 T_{ST} 是异步电动机接至电源开始起动时的电磁转矩，此时 $s = 1(n=0)$。对于绕线式转子异步电动机，转子绕组串联附加电阻便能改变 T_{ST}，从而改变其起动特性。

异步电动机的机械特性可视为两部分组成，① 当负载功率转矩 $T_z \leqslant T_N$ 时，机械特性近似为直线，称为机械特性的直线部分，又可称为工作部分，电动机不论带何种负载均能稳定运行。② 当 $s \geqslant s_m$ 时，机械特性为一曲线，称为机械特性的曲线部分，对恒转矩负载或恒功率负载而言，电动机在这一特性段与这类负载转矩特性的配合，使电机不能稳定运行；而对于通风机负载，在这一特性段上却能稳定工作。

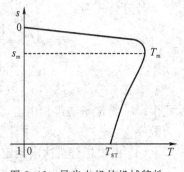

图 3.46　异步电机的机械特性

在本实验系统中，通过对电机的转速进行检测，动态调节施加于电机的转矩，产生随着电机转速的下降，转矩随之下降的负载，使电机稳定地运行了机械特性的曲线部分。通过读取不同转速下的转矩,可描绘出不同电机的 $T-s$ 曲线。

三、实验设备

(1) 实验台主控制屏。

(2) 电机导轨及测功机、转矩转速测量及控制(NMCL-13A)。

(3) 可调电阻箱(NMCL-03/4)。

(4) 交流电压表、电流表。

(5) 三相鼠笼式异步电动机(M04)、三相绕线式异步电动机(M09)。

四、实验内容

1. 鼠笼式异步电机的 $T-s$ 曲线测绘

鼠笼式异步电机的 $T-s$ 测绘接线图如图 3.47 所示。图中,被试电机为三相鼠笼式异步电动机 M04,Y 接法;G 为涡流测功机,与 M04 电机同轴安装。

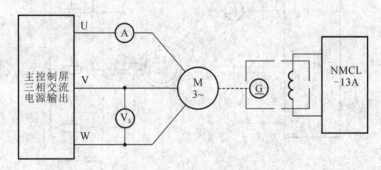

图 3.47　鼠笼式异步电机的 $T-s$ 测绘接线图

实验线路按图 3.47 接线,交流电压表量程选用 300 V 挡,交流电流表量程可选 0.75 A 挡。

起动电机前,将三相调压器旋钮逆时针调到底,并将 NMCL-13A 中"转矩控制"和"转速控制"选择开关拨向"转速控制",并将"转速/转矩设定"调节旋钮逆时针调到底。

实验步骤如下:

(1) 按下绿色"闭合"按钮开关,调节交流电源输出调节旋钮,使电压输出为 220 V,起动交流电机。观察电机的旋转方向,并使其符合要求。

(2) 顺时针缓慢调节"转速/转矩设定"电位器经过一段时间的延时后,M04 电机的负载将随之增加,其转速下降;继续调节该电位器旋钮电机由空载逐渐下降到 200 r/min 左右。(注意,转速低于 200 r/min 时,有可能造成电机转速不稳定。)

(3) 在空载转速至 200 r/min 范围内,测取 8~9 组转速 n、转矩 T 数据填入表 3.31。其中在最大转矩附近多测几点。

表 3.31　实 验 数 据

$U_N = 220$ V(Y)

序　号	1	2	3	4	5	6	7	8	9
$n/(\text{r/min})$									
$T/(\text{N}\cdot\text{m})$									

（4）当电机转速下降到 200 r/min 时，逆时针回调"转速/转矩设定"旋钮，转速开始上升，直至升到空载转速为止，在该范围内，读取 8～9 组异步电机的转矩、转速数据填入表 3.32。

表 3.32　实 验 数 据

$U_N = 220$ V(Y)

序　号	1	2	3	4	5	6	7	8	9
$n/(\text{r/min})$									
$T/(\text{N} \cdot \text{m})$									

2. 绕线式异步电动机的 $T-s$ 曲线测绘

绕线式异步电机的 $T-s$ 测绘接线图如图 3.48 所示。图中，被试电机采用三相绕线式异步电动机 M09，Y 接法。

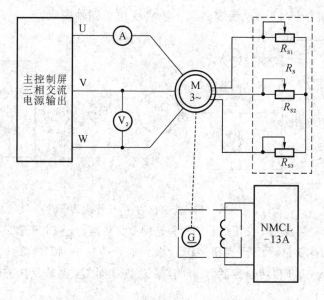

图 3.48　绕线式异步电机的 $T-s$ 测绘接线图

实验线路按图 3.48 接线，电压表和电流表的选择同前，转子调节电阻采用 NMCL-03/4 中绕线电机气动电阻，NMCL-13A 的开关和旋钮的设置同前，调压器调至零位。

（1）绕线式电机的转子调节电阻调到零（三只旋钮逆时针到底），顺时针调节调压器旋钮，使电压升至 180V，电机开始起动至空载转速。顺时针调节"转速/转矩设定"旋钮，M09 的负载随之增加，电机转速开始下降；继续顺时针调节该旋钮，电机转速下降至 100 r/min 左右。在空载转速至 100 r/min 范围时，读取 8～9 组绕线电机转矩、转速数据记录于表 3.33。

表 3.33　实 验 数 据

$U = 180$ V(Y)，$R_S = 0$ Ω

序　号	1	2	3	4	5	6	7	8	9
$n/(\text{r/min})$									
$T/(\text{N} \cdot \text{m})$									

(2) 绕线电机的转子调节电阻调到 2 Ω，重复以上步骤，记录相关数据并填入表 3.34。

表 3.34　实 验 数 据

$U=180$ V(Y), $R_s=2$ Ω

序　号	1	2	3	4	5	6	7	8	9
$n/(\text{r/min})$									
$T/(\text{N·m})$									

(3) 绕线电机的转子调节电阻调到 5 Ω(断开电源，用万用表测量，三相需对称)，重复以上步骤，记录相关数据并填入表 3.35。

表 3.35　实 验 数 据

$U=180$ V(Y), $R_s=5$ Ω

序　号	1	2	3	4	5	6	7	8	9
$n/(\text{r/min})$									
$T/(\text{N·m})$									

3. 其他

对以上实验，换上不同的单相异步电机，按相同方法测出它们的转矩、转速。

五、实验报告

(1) 在方格纸上逐点绘出各种电机的转矩、转速，并进行拟合，作出被试电机的 T-s 曲线。

(2) 对以上各种电机的特性作一比较和评价。

六、思考题

电机的降速特性曲线和升速特性曲线不重合的原因是什么？

3.3.6　三相异步电动机在各种运行状态下的机械特性 NMCL 实验台实验

一、实验目的

了解三相绕线式异步电动机在各种运行状态下的机械特性。

二、预习要点

(1) 利用现有设备测定三相绕线式异步电动机的机械特性。

(2) 测定各种运行状态下的机械特性应注意的问题。

(3) 根据所测得的数据计算被试电机在各种运行状态下的机械特性。

三、实验设备

(1) 实验台主控制屏。

(2) 电机导轨及测功机、转矩转速测量及控制(NMCL‑13A)。

（3）直流电压表、电流表、毫安表。

（4）交流电压表、电流表、功率表。

（5）可调电阻箱（NMCL – 03/4）。

（6）直流电动机电枢电源（NMCL – 18/1）。

（7）直流电动机励磁电源（NMCL – 18/2）。

（8）旋转指示灯及开关板（NMCL – 05B）。

四、实验内容

实验线路如图 3.49 所示。图中，M 为三相绕线式异步电动机 M09，额定电压 U_N = 220 V，Y 接法；G 为直流并励电动机 M03（作他励接法），其 U_N = 220 V，P_N = 185W；R_s 为选用 NMCL – 03/4 中绕线电机起动电阻；R_1 为选用 NMCL – 03/4 中三相可调电阻中两组串/并联；V_2、A_2、mA 分别为直流电压表、直流电流表、直流毫安表；V_1、A_1、W_1 和 W_2 分别为交流电压表、交流电流表、交流功率表；S_1 选用 NMCL – 05B 中的双刀双掷开关。

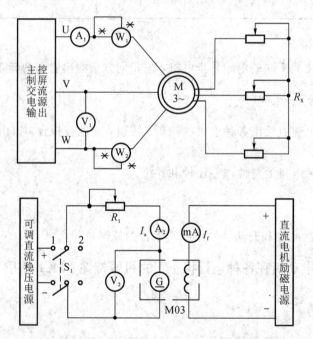

图 3.49　绕线式异步电动机机械特性实验接线图

1. 测定三相绕线式异步电机电动及再生发电制动机械特性

仪表量程及开关、电阻的选择：

（1）V_2 的量程为 300 V 挡，mA 的量程为 200 mA 挡，A_2 的量程为 2 A 挡。

（2）R_s 阻值调至零，R_1 阻值调至最大。

（3）开关 S_1 合向"2"端。

（4）三相调压旋钮逆时针调到底，直流电机励磁电源船形开关和 220V 直流稳压电源船形开关置在断开位置；并且直流稳压电源调节旋钮逆时针调到底，使电压输出最小。

实验步骤如下：

（1）接下绿色"闭合"按钮开关，接通三相交流电源，调节三相交流电压输出为 180 V（注意，观察电机转向是否符合要求），并在以后的实验中保持不变。

（2）接通直流电机励磁电源，调节直流励磁电源使 $I_f = 95$ mA 并保持不变。接通直流电动机电枢电源，在开关 S_1 的"2"端测量电机 G 的输出电压极性（先使其极性与 S_1 开关"1"端的电枢电源相反）。在 R_1 为最大值的条件下，将 S_1 合向"1"端。（R_1 使用 NMCL - 03/4 中的 R_1）

（3）调节直流电动机电枢电源和 R_1 的阻值，使电动机从空载到接近于 1.2 倍额定状态，其间测取电机 G 的 U_a、I_a、n 及电动机 M 的交流电流表与交流功率表的读数 I_1、P_I、P_{II}，共取 8～9 组数据记录于表 3.36 中。

表 3.36　实验数据

$U = 200$ V, $R_S = 0$, $I_f = 95$ mA

序　号	1	2	3	4	5	6	7	8	9
U_a/V									
I_a/A									
n/(r/min)									
I_1/A									
P_I/W									
P_{II}/W									

（4）当电动机 M 接近空载而转速不能调高时，将 S_1 合向"2"位置，调换发电机 G 的电枢极性使其与"直流稳压电源"同极性。调节直流电源使其 G 的电压值接近相等，将 S_1 合至"1"端，减小 R_1 阻值直至为零。

（5）升高直流电源电压，使电动机 M 的转速上升，当电机转速为同步转速时，异步电机功率接近于 0；继续调高电枢电压，则异步电机从第一象限进入第二象限再生发电制动状态，直至异步电机 M 的电流接近额定值。测取电动机 M 的定子电流 I_1、功率 P_I 和 P_{II}、转速 n 及发电机 G 的电枢电流 I_a、电压 U_a，共取 8～9 组数据填入表 3.37 中。

表 3.37　实验数据

$U = 200$ V, $I_f = 95$ mA

序　号	1	2	3	4	5	6	7	8	9
U_a/V									
I_a/A									
n/(r/min)									
I_1/A									
P_I/W									
P_{II}/W									

2. 测定三相绕线式异步电机电动及反接制动运行状态下的机械特性

在断电的条件下，把 R_S 的三只可调电阻调至 15 Ω，调节 R_1 阻值至最大；直流发电机 G 接到 S_1 上的两个接线端对调，使直流发电机输出电压极性和"直流稳压电源"极性相反；

开关 S_1 合向右边，逆时针调节可调直流稳压电源调节旋钮到底。

(1) 按下绿色"闭合"按钮开关，调节交流电源输出为 200 V，合上励磁电源船形开关，调节直流电动机励磁电源，使 $I_f=95$ mA。

(2) 按下直流电动机电枢电源船形开关，启动直流电源，开关 S_1 合向右边，让异步电机 M 带上负载运行；减小 R_1 阻值，使异步发电机转速下降直至为零。

(3) 继续减小 R_1 阻值或调离电枢电压值，异步电机即进入反向运转状态，直至其电流接近额定值。测取发电机 G 的电枢电流 I_a、电压 U_a 值和异步电动机 M 的定子电流 I_1、功率 P_I 与 P_{II}、转速 n，共取 8~9 组数据填入表 3.38 中。

表 3.38 实 验 数 据

$U=200$ V，$I_f=95$ mA

序号	1	2	3	4	5	6	7	8	9
U_a/V									
I_a/A									
n/(r/min)									
I_1/A									
P_I/W									
P_{II}/W									

五、注意事项

调节串联和并联电阻时，要按电流的大小而相应调节串联或并联电阻，防止电阻器过流以致烧坏。

六、实验报告

根据实验数据绘出三相绕线转子异步电机运行在三种状态下的机械特性。

七、思考题

(1) 再生发电制动实验中，如何判别电机运行在同步转速点？

(2) 在实验过程中，为什么将电机电压降到 200 V？在此电压下所得的数据，要计算出全压下的机械特性应作何处理？

第 4 章　电力电子变流技术实验

4.1　晶闸管触发电路实验

一、实验目的

(1) 加深理解锯齿波同步移相触发电路的工作原理及各元件的作用。
(2) 掌握锯齿波同步移相触发电路的调试方法。

二、实验设备

(1) 电源控制屏。
(2) 晶闸管触发电路。
(3) 双踪示波器。
(4) 万用表。

三、实验原理

锯齿波同步移相触发电路 Ⅰ 、Ⅱ 主要由同步检测、锯齿波形成、移相控制、脉冲形成、脉冲放大等环节组成。锯齿波同步移相触发电路 Ⅰ 的原理图如图 4.1 所示。

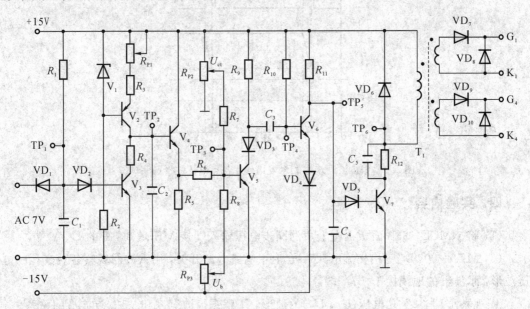

图 4.1　锯齿波同步移相触发电路 Ⅰ 原理图

　　由 V_3、VD_1、VD_2、C_1 等元件组成同步检测环节,其作用是利用同步电压 U_T 来控制锯齿波产生的时刻及锯齿波的宽度。由 V_1、V_2 等元件组成的恒流源电路,当 V_3 截止时,恒流源对 C_2 充电形成锯齿波;当 V_3 导通时,电容 C_2 通过 R_4、V_3 放电。调节电位器 R_{P1} 可以改变恒流源的电流大小,从而改变了锯齿波的斜率。控制电压 U_{ct}、偏移电压 U_b 和锯齿波电压在 V_5 基极综合叠加,从而构成移相控制环节,R_{P2}、R_{P3} 分别调节控制电压 U_{ct} 和偏移电压 U_b 的大小。V_6、V_7 构成脉冲形成放大环节,C_5 为强触发电容改善脉冲的前沿,由脉冲变压器输出触发脉冲。电路中各点电压波形如图 4.2 所示。

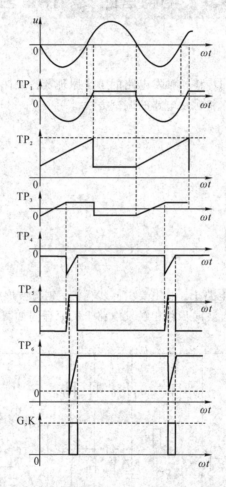

图 4.2　锯齿波同步移相触发电路 I 各点电压波形($\alpha = 90°$)

四、实验内容

　　(1) 将 NMCL-36B 面板上左上角的同步电压输入端接 MEL-002T 的 U、V 端。

　　(2) MEL-002T "三相交流电源"。合上主电路电源开关,用示波器观察各观察孔的电压波形,示波器的地线接于 "7" 端。

　　① 观察 "1" "2" 孔电压(U_1、U_2)的波形,了解锯齿波宽度和 "1" 点波形的关系。

　　② 观察 "3" ~ "5" 孔电压($U_3 \sim U_5$)的波形及输出电压 U_{G1K1} 的波形,调整电位器

R_{P1}，使 "3" 的锯齿波刚出现平顶时，记下各波形的幅值与宽度，比较 "3" 孔电压 U_3 与 "5" 孔电压 U_5 的对应关系。

(3) 调节脉冲移相范围。

① 将 NMCL - 31A 的 "G" 输出电压调至 0 V，即将控制电压 U_{ct} 调至零，用示波器观察 U_2 电压及 U_5 的波形，调节偏移电压 U_b（即调节 R_P），使 $\alpha=180°$。

② 调节 NMCL - 31A 的给定电位器 R_{P1}，增加 U_{ct}，观察脉冲的移动情况，要求 $U_{ct}=0$ 时，$\alpha=180°$；$U_{ct}=U_{max}$ 时，$\alpha=30°$，以满足移相范围 $\alpha=30°\sim180°$ 的要求。

(4) 调节 U_{ct}，使 $\alpha=60°$，观察并记录 $U_1\sim U_5$ 及输出脉冲电压 U_{G1K1}、U_{G2K2} 的波形，并标出其幅值与宽度。

用导线连接 "K_1" 和 "K_3" 端，用双踪示波器观察 U_{G1K1} 和 U_{G3K3} 的波形，调节电位器 R_{P3}，使 U_{G1K1} 和 U_{G3K3} 相位间隔 $180°$。

五、注意事项

(1) 用示波器测量信号时，将其中一根探头的地线取下或外包绝缘，只使用其中一路的地线。当需要同时观察两个信号时，必须在被测电路上找到这两个信号的公共点，将探头的地线接于该公共点，探头各接至被测信号，只有这样才能在示波器上同时观察到两个信号，而不发生意外。

(2) 由于正弦波触发电路的特殊性，因此设计移相电路的调节范围较小，若需将 α 调节到逆变区，除了调节 R_{P1} 外，还需调节 R_{P2} 电位器。

(3) 由于脉冲 "G" "K" 输出端有电容影响，故观察输出脉冲电压波形时，需将输出端 "G" 和 "K" 分别接到晶闸管的门极和阴极（或者也可用约 $100\ \Omega$ 的电阻接到 "G" 和 "K" 两端，来模拟晶闸管门极与阴极的阻值），否则无法观察到正确的脉冲波形。

六、实验报告

(1) 整理、描绘实验中记录的各点波形，并标出其幅值和宽度。

(2) 总结锯齿波同步移相触发电路移相范围的调试方法，如果要求在 $U_{ct}=0$ 的条件下，使 $\alpha=90°$，如何调整?

(3) 讨论、分析实验中出现的各种现象。

七、思考题

(1) 锯齿波同步移相触发电路有哪些特点?

(2) 锯齿波同步移相触发电路的移相范围与哪些参数有关?

(3) 为什么锯齿波同步移相触发电路的脉冲移相范围比正弦波同步移相触发电路的移相范围要大?

4.2　单相桥式半控整流电路实验

4.2.1　电路工作原理

一、带电阻性负载的工作情况

1. 电路分析

单相桥式半控整流电路原理图如图 4.3 所示，晶闸管 VT_1 和 VD_4 组成一对桥臂，VT_3 和 VD_2 组成另一对桥臂。

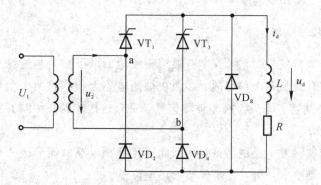

图 4.3　单相桥式半控整流电路原理图

在 u_2 正半周（即 a 点电位高于 b 点电位），若两个晶闸管均不导通，$i_d=0$，$u_d=0$，VT_1 和 VD_4 串联承受电压 u_2。

在触发角 α 处给 VT_1 施加触发脉冲，VT_1 和 VD_4 导通，电流从电源 a 端流出，经 VT_1、R、VD_4 流回电源 b 端。

当 u_2 过零时，流经晶闸管的电流也降到零，VT_1 和 VD_4 关断。

在 u_2 负半周，仍在触发角 α 处触发 VT_3，VD_2 和 VT_3 导通，电流从电源 b 端流出，经 VT_3、R、VD_2 流回电源 a 端。

当 u_2 过零时，电流又降为零，VD_2 和 VT_3 关断。

2. 基本数量关系

(1) 晶闸管承受的最大反向电压为 $\sqrt{2}U_2$。

(2) 输出电压平均值 U_d 与输出电流平均值 I_d 分别为

$$U_d = \frac{1}{\pi}\int_\alpha^\pi \sqrt{2}U_2 \sin\omega t \, \mathrm{d}(\omega t) = \frac{2\sqrt{2}U_2}{\pi}\frac{1+\cos\alpha}{2} = 0.9 U_2 \frac{1+\cos\alpha}{2}$$

$$I_d = \frac{U_d}{R} = 0.9\frac{U_2}{R}\frac{1+\cos\alpha}{2}$$

(3) 晶闸管的电流平均值 I_{dT} 与晶闸管电流有效值 I_T 分别为

$$I_{dT} = \frac{1}{2}I_d$$

$$I_{\mathrm{T}} = \frac{U_2}{R} \sqrt{\frac{1}{4\pi}\sin 2\alpha + \frac{\pi - \alpha}{2\pi}} = \frac{1}{\sqrt{2}} I_2$$

二、带阻感性负载的工作情况

1. 不接续流二极管

每一个导电回路由一个晶闸管和一个二极管构成。

在 u_2 正半周，α 处触发 VT_1，u_2 经 VT_1 和 VD_4 向负载供电。

当 u_2 过零变负时，因电感作用使电流连续，VT_1 继续导通，但因 a 点电位低于 b 点电位，故电流是由 VT_1 和 VD_2 续流的，$u_d = 0$。

在 u_2 负半周，α 处触发 VT_3，向 VT_1 加反压使之关断，u_2 经 VT_3 和 VD_2 向负载供电。

当 u_2 过零变正时，VD_4 导通，VD_2 关断。VT_3 和 VD_4 续流，u_d 又变为零。

2. 接续流二极管

若无续流二极管，则当 α 突然增大至 180° 或触发脉冲丢失时，会发生一个晶闸管持续导通而两个二极管轮流导通的情况，使 u_d 成为正弦半波，即半周期 u_d 为正弦，另外半周期 u_d 为零，其平均值保持恒定，相当于单相半波不可控整流电路时的波形，称为失控。

当有续流二极管 VD_R 时，续流过程由 VD_R 完成，避免出现失控现象。续流期间导电回路中只有一个管压降，少了一个管压降，有利于降低损耗。

4.2.2　单相桥式半控整流电路 MATLAB/Simulink 仿真实验

一、实验目的

(1) 加深理解单相桥式半控整流电路的工作原理。

(2) 了解续流二极管在单相桥式半控整流电路中的作用。

(3) 掌握单相桥式半控整流电路的 MATLAB/Simulink 的仿真建模方法，学会设置模块参数。

二、实验设备

(1) PC。

(2) MATLAB 7.1.0 仿真软件。

三、实验内容

1. 单相桥式半控整流电路带电阻性负载仿真

单相桥式半控整流电路的仿真模型图如图 4.4 所示。

仿真步骤如下：

打开 MATLAB 软件，在菜单栏上单击工具栏上的 Simulink 工具 ▩ ；选择"File"→"New"→"Model"，新建一个 Simulink 文件，按照单相桥式半控整流电路系统的构成，从 SimPowerSystem 和 Simulink 模块库中提取电路元器件模块。在模型库中提取所需的模块并放到仿真窗口，设置各模块参数，绘制电路的仿真模型。

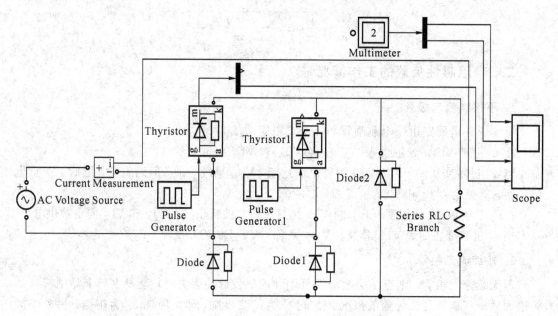

图 4.4　单相桥式半控整流电路的仿真模型图

仿真模型中各模块参数设置如下：

（1）交流电压源（AC Voltage Source）参数（路径为 SimPowerSystems/Electrical Sources/AC Voltage Source）：

peak amplitude(V)：100。

Phase(deg)：0。

Frequency(Hz)：50。

Sample time：0。

Measurements：Voltage。

（2）晶闸管(Thyristor)参数(路径为 SimPowerSystems/Power Electronics/Universal Bridge)：

Resitance Ron(Ohms)：0.001。

Inductance Lon(H)：0。

Forward voltage Vf(V)：0.8。

Initial current Ic(A)：0。

Snubber resistance Rs(Ohms)：500。

Snubber capacitance Cs(F)：250e－9。

Show measurement port：选中。

（3）二极管(Diode)参数(路径为 SimPowerSystems/Power Electronics/Diode)：

Resislance Ron(Ohms)：0.001。

Inductance Lon(H)：0。

Forward voltage Vf(V)：0.8。

Initial current Ic(A)：0。

Snubber resistance Rs(Ohms)：500。

Snubber capacitance Cs(F)：250e − 9。

（4）串联 *RLC* 支路（Series RLC Branch）参数（路径为 SimPowerSystems/Elements/Series RLC Branch）：

Resistance(Ohms)：10。

Inductance(H)：0。

capacitance(F)：inf。

Measurements：Branch Voltage。

（5）脉冲发生器（Pulse Generator）参数（路径为 Simulink/Sources/Pulse Generator）：

Amplitude：1。

Period(secs)：0.02

Pulse width(% of period)：10。

Phase delay(secs)：45 * 0.02/360（另一个设为 45 * 0.02/360＋0.01）。

仿真模型中的波形依次是电源电压"Uac"、负载电压"Ud"、晶闸管两端电压"Uvt"、电源电流"Iac"，仿真算法采用 ode15s，仿真时间为 0.04 s。仿真结果如图 4.5 所示。

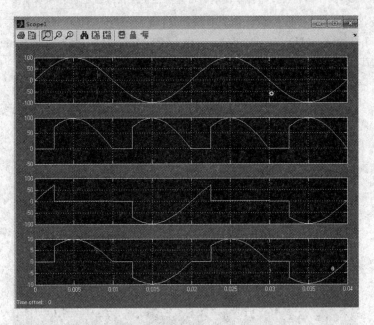

图 4.5　单相桥式半控整流电路带电阻性负载的仿真结果

2. 单相桥式半控整流电路带阻感性负载仿真

把单相桥式半控整流电路带电阻性负载仿真模型中的电阻性负载改为阻感性负载，串联 *RLC* 支路（Series RLC Branch）参数 Inductance(H)项改为 1，其他参数设置及仿真步骤同上，自行完成仿真实验。

3. 单相桥式半控整流电路带阻感性负载接续流二极管仿真

在单相桥式半控整流电路带阻感性负载模型的基础上负载并联续流二极管，仿真模型如图 4.6 所示。

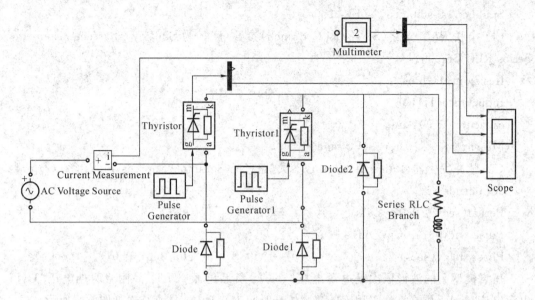

图 4.6　单相桥式半控整流电路带阻感性负载接续流二极管仿真模型

续流二极管(Diode)参数为默认值；串联 *RLC* 支路(Series RLC Branch)参数为 Resistance (Ohms)：10, Inductance(H)：0.001, capacitance(F)：inf, Measurements：Branch Voltage；其他参数不变。其仿真结果如图 4.7 所示。(图中各波形含义参见图 4.5。)

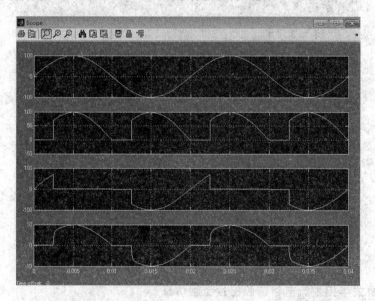

图 4.7　单相桥式半控整流电路带阻感性负载接续流二极管仿真结果

4.2.3　单相桥式半控整流电路 NMCL 实验台实验

一、实验目的

(1) 加深对单相桥式半控整流电路带电阻性负载和带阻感性负载时各工作情况的理解。

(2) 了解续流二极管在单相桥式半控整流电路中的作用，学会对实验中出现的问题加以分析和解决。

二、实验设备

(1) 教学实验台主控制屏。

(2) 触发电路和晶闸管主回路(NMCL - 33)。

(3) 调速系统控制单元(NMCL - 31A)。

(4) 锯齿波触发电路(NMCL - 36B)。

(5) 双踪示波器。

(6) 万用表。

三、实验原理

实验线路如图 4.8 所示。图中，两组锯齿波同步移相触发电路由同一个同步变压器保持与输入的电压同步，触发信号加到共阴极的两个晶闸管；电阻 R 选择 450 Ω，电感 L_d 选择用 700 mH。

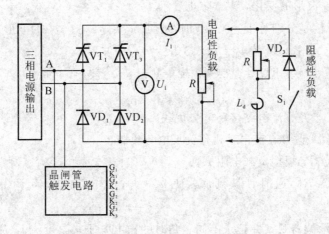

图 4.8　单相桥式半控整流电路实验线路图

四、实验内容

(1) 将 NMCL - 36B 面板左上角的同步电压输入端接电源控制屏上的 U、V 输出端。

三相调压器逆时针调到底，合上主电路电源开关，调节主控制屏输出电压 $U_{uv} = 220$ V，并打开电源控制屏面板的电源开关。观察 NMCL - 36B 锯齿波触发电路中各点波形是否正确，确定其输出脉冲可调的移相范围；并调节偏移电阻 R_{P2}，使 $U_{ct} = 0$ 时，$\alpha = 150°$。注意，观察波形时，须断开电源控制屏和 NMCL - 33 的连接线。

(2) 单相桥式晶闸管半控整流电路给电阻性负载供电。

连接电源控制屏和 NMCL - 33。

① 按图 4.8 接法，连上负载电阻 R(可选择 900 Ω 电阻并联，最大电流为 0.8 A)，并调节电阻负载至最大。

NMCL - 31A 上给定电位器 R_{P1} 逆时针调到底，使 $U_{ct} = 0$。

三相调压器逆时针调到底，合上主电路电源，调节主控制屏输出 $U_{uv} = 220$ V。

调节给定电位器 R_{P1}，使 $\alpha=90°$，测取此时整流电路的输出电压 $u_d=f(t)$、输出电流 $i_d=f(t)$ 以及晶闸管端电压 $u_{VT}=f(t)$ 波形；并测定交流输入电压 U_2、整流输出电压 U_d，验证公式

$$U_d=0.9U_2\frac{1+\cos\alpha}{2}$$

若输出电压的波形不对称，可分别调整锯齿波触发电路中 R_{P1}、R_{P3} 电位器。

② 采用上述类似方法，分别测取 $\alpha=60°$、$\alpha=30°$ 时的 u_d、i_d、u_{VT} 波形。

（3）单相桥式半控整流电路给电阻电感性负载供电。

① 按图 4.8 接法，接上续流二极管，右侧接上平波电抗器。

给定电位器 R_{P1} 逆时针调到底，使 $U_{ct}=0$。

三相调压器逆时针调到底，合上主电源，调节主控制屏输出使 $U_{uv}=220\text{ V}$。

② 调节 U_{ct}，使 $\alpha=90°$，测取输出电压 $u_d=f(t)$、电感上的电流 $i_L=f(t)$、整流电路输出电流 $i_d=f(t)$ 以及续流二极管电流 $i_{VD}=f(t)$ 的波形，并分析它们相互间的关系。调节电阻 R，观察 i_d 波形的变化，注意防止过流。

③ 调节 U_{ct}，使 α 分别等于 $60°$、$30°$ 时，测取 u_d、i_L、i_d、i_{VD} 的波形。

④ 断开续流二极管，观察 $u_d=f(t)$、$i_d=f(t)$ 的波形。

然后，突然切断触发电路，观察失控现象并记录 u_d 波形。（注意，若不发生失控现象，可调节电阻 R。）

（4）单相桥式半控整流电路接反电势负载。

① 断开主电路，改接直流电动机作为反电势负载。

短接平波电抗器，短接负载电阻 R。

将给定电位器 R_{P1} 逆时针调到底，使 $u_{ct}=0$；合上主电源，调节主控制屏输出，使 $U_{uv}=220\text{ V}$。

调节 U_{ct}，用示波器观察并记录不同 α 角时的输出电压 u_d、电流 i_d 及电动机电枢两端电压 u_M 的波形，记录相应的 u_2 和 u_d 的波形。（注意，可测取 $\alpha=60°$、$90°$ 两点。）

② 断开平波电抗器的短接线，接上平波电抗器（$L=700\text{ mH}$），重复以上实验并加以记录。

五、注意事项

（1）实验前必须先了解晶闸管的电流额定值（本装置为 5A），并根据额定值与整流电路形式计算出负载电阻的最小允许值。

（2）为保护整流元件不受损坏，晶闸管整流电路的正确操作步骤如下：

① 在主电路不接通电源时，调试触发电路，使之正常工作。

② 在控制电压 $U_{ct}=0$ 时，接通主电源；然后逐渐增大 U_{ct}，使整流电路投入工作。

③ 断开整流电路时，应先把 U_{ct} 降到零，使整流电路无输出；然后切断总电源。

（3）示波器的正确使用。

（4）NMCL-33（或 NMCL-53）的内部脉冲需断开。

（5）接反电势负载时，直流电动机必须先加励磁。

六、实验报告

（1）试画出电阻性负载和阻感性负载时 $U_d/U_2 = f(\alpha)$ 的曲线。

（2）试画出电阻性负载和阻感性负载在 α 角分别为 $30°$、$60°$、$90°$ 时的 u_d、u_{VT} 的波形。

（3）说明续流二极管对消除失控现象的作用。

七、思考题

（1）单相桥式半控整流电路在什么情况下会发生失控现象？

（2）在加续流二极管前后，单相桥式半控整流电路中晶闸管两端的电压波形如何？

4.3　单相桥式全控整流及有源逆变电路实验

4.3.1　电路工作原理

一、带电阻性负载的工作情况

1. 工作原理

单相桥式全控整流电路的原理图如图 4.9（a）所示。在电源电压 u_2 正半波，晶闸管 VT_1、VT_4 承受正向电压。假设四个晶闸管的漏电阻相等，则在 $0 \sim \alpha$ 区间，由于四个晶闸管都不导通，$u_{AK1,4} = (1/2)u_2$。在 $\omega t = \alpha$ 处，触发晶闸管 VT_1、VT_4 导通，电流沿 a→VT_1→R→VT_4→b 流通，此时负载上输出电压 $u_d = u_2$。电源电压反向施加到晶闸管 VT_2、VT_3 上，使其处于关断状态。到 $\omega t = \pi$ 时刻，因电源电压过零，故晶闸管 VT_1、VT_4 阳极电流也下降为零而关断。

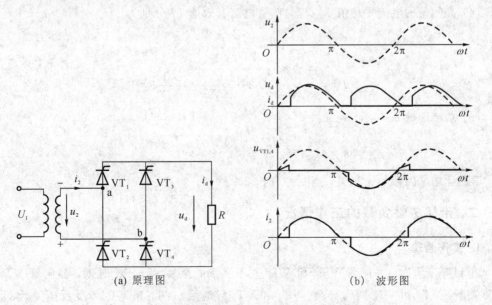

(a) 原理图　　　　　　　　　　　　（b）波形图

图 4.9　单相桥式全控整流电路的原理图及波形图

在电源电压负半波，晶闸管 VT_2、VT_3 承受正向电压，在 $\pi \sim \pi + \alpha$ 区间，$u_{VT2,3} = (1/2)u_2$，在 $\omega t = \pi + \alpha$ 处触发晶闸管 VT_2、VT_3 导通，电流沿 b→VT_3→R→VT_2→a 流通，电源电压沿正半周期的方向施加到负载电阻上，负载上有输出电压 $u_d = -u_2$。此时电源电压反向施加到晶闸管 VT_1、VT_4 上，使其处于关断状态。到 $\omega t = 2\pi$ 时刻，电源电压再次过零，VT_2、VT_3 阳极电流也下降为零而关断。

单相桥式整流器电阻性负载时的移相范围是 $0 \sim 180°$。当 $\alpha = 0°$ 时，输出电压最高；当 $\alpha = 180°$ 时，输出电压最小。晶闸管承受的最大反向电压 U_m 是相电压峰值，晶闸管承受的最大正向电压是 $U_m/2$。

负载上正、负两个半波内均有相同方向的电流流过，从而使直流输出电压、电流的脉动程度较前述单相半波整流得到了改善。变压器二次绕组在正、负半周内均有大小相等且方向相反的电流流过，从而改善了变压器的工作状态，提高了变压器的有效利用率。

2. 基本数量关系

（1）输出电压平均值 U_d 与输出电流平均值 I_d 分别为

$$U_d = \frac{1}{\pi} \int_\alpha^\pi \sqrt{2} U_2 \sin\omega t \, d(\omega t) = \frac{2\sqrt{2} U_2}{\pi} \frac{1 + \cos\alpha}{2} = 0.9 U_2 \frac{1 + \cos\alpha}{2}$$

$$I_d = \frac{U_d}{R} = 0.9 \frac{U_2}{R} \frac{1 + \cos\alpha}{2}$$

（2）输出电压有效值 U 为

$$U = \sqrt{\frac{1}{\pi} \int_\alpha^\pi (\sqrt{2} U_2 \sin\omega t)^2 \, d(\omega t)} = U_2 \sqrt{\frac{1}{2\pi} \sin 2\alpha + \frac{\pi - \alpha}{\pi}}$$

（3）输出电流有效值 I 与变压器二次侧电流 I_2 为

$$I = I_2 = \frac{U}{R} = \frac{U_2}{R} \sqrt{\frac{1}{2\pi} \sin 2\alpha + \frac{\pi - \alpha}{\pi}}$$

（4）晶闸管的电流平均值 I_{dT} 与晶闸管电流有效值 I_T 分别为

$$I_{dT} = \frac{1}{2} I_d$$

$$I_T = \frac{U_2}{R} \sqrt{\frac{1}{4\pi} \sin 2\alpha + \frac{\pi - \alpha}{2\pi}} = \frac{1}{\sqrt{2}} I_2$$

（5）功率因数 $\cos\varphi$ 为

$$\cos\varphi = \frac{P}{S} = \frac{UI}{U_2 I} = \sqrt{\frac{1}{2\pi} \sin 2\alpha + \frac{\pi - \alpha}{\pi}}$$

显然，功率因数与 α 相关，当 $\alpha = 0°$ 时，$\cos\varphi = 1$。

二、带阻感性负载的工作情况

1. 工作原理

u_2 过零变负时，晶闸管 VT_1 和 VT_4 并不关断；至 $\omega t = \pi + \alpha$ 时刻，晶闸管 VT_1 和 VT_4 关断，VT_2 和 VT_3 两管导通。VT_2 和 VT_3 导通后，VT_1 和 VT_4 承受反压关断，流过 VT_1 和 VT_4 的电流迅速转移到 VT_2 和 VT_3 上，此过程称为换相，亦称为换流。

2. 基本数量关系

(1) 输出电压平均值 U_d 为

$$U_d = \frac{1}{\pi}\int_\alpha^{\pi+\alpha}\sqrt{2}U_2\sin\omega t\,\mathrm{d}(\omega t) = \frac{2\sqrt{2}U_2}{\pi}\cos\alpha = 0.9U_2\cos\alpha$$

(2) 输出电流平均值 I_d 和变压器副边电流 I_2 为

$$I_d = \frac{U_d}{R} = I_2$$

(3) 晶闸管的电流平均值 I_{dT}。由于晶闸管轮流导电,因此流过每个晶闸管的平均电流只有负载上平均电流的一半。

$$I_{dT} = \frac{1}{2}I_d$$

(4) 晶闸管的电流有效值 I_T 与通态平均电流 $I_{T(AV)}$ 分别为

$$I_{T(AV)} = \frac{I_T}{1.57}(1.5 \sim 2)$$

$$I_T = \frac{1}{\sqrt{2}}I_d$$

从输出电压波形可以看出,$\alpha > 90°$时输出电压波形正、负面积大小相同,平均值为零,所以移相范围是 $0 \sim 90°$。控制角 α 在 $0 \sim 90°$之间变化时,晶闸管导通角 $\theta \equiv \pi$,导通角 θ 与控制角 α 无关。晶闸管承受的最大正、反向电压值为

$$U_m = \sqrt{2}U_2$$

4.3.2　单相桥式全控整流及有源逆变电路 MATLAB/Simulink 仿真实验

一、实验目的

(1) 加深理解单相桥式全控整流带电阻性负载和阻感性负载时电路的工作原理。
(2) 掌握单相桥式全控整流电路的 MATLAB/Simulink 的仿真建模方法,学会设置模块参数。

二、实验设备

(1) PC。
(2) MATLAB 7.1.0 仿真软件。

三、实验内容

1. 单相桥式全控整流电路带电阻性负载仿真

单相桥式全控整流电路带电阻性负载仿真模型如图 4.10 所示。
仿真模型中各模块参数设置如下:
(1) 交流电压源(AC Voltage Source)参数:
peak amplitude(V):100。

Phase(deg)：0。

Frequency(Hz)：50。

Sample time：0。

Measurements：Voltage。

(2) 晶闸管(Thyristor)参数：

Resistance Ron(Ohms)：0.001。

Inductance Lon(H)：0。

Forward voltage Vf(V)：0.8。

Initial current Ic(A)：0。

Snubber resistance Rs(Ohms)：500。

Snubber capacitance Cs(F)：250e－9。

Show measurement port：选中。

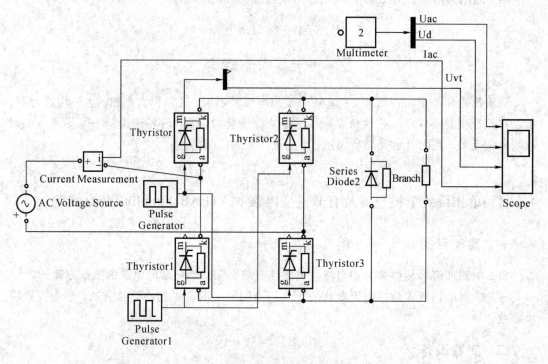

图 4.10　单相桥式全控整流电路带电阻性负载仿真模型

(3) 串联 RLC 支路(Series RLC Branch)参数：

Resistance(Ohms)：1。

Inductance(H)：0。

Capacitance(F)：inf。

Measurements：Branch Voltage。

(4) 脉冲发生器(Pulse Generator)参数：

Amplitude：1。

Period(secs)：0.02。

Pulse width(% of period)：10。

Phase delay(secs)：45 ＊ 0.02/360（另一个设为 45 ＊ 0.02/360＋0.01）。

仿真模型中的波形依次是电源电压"Uac"、负载电压"Ud"、晶闸管两端电压"Uvt"、电源电流"Iac"，仿真算法采用 ode15s，仿真时间为 0.04 s。仿真结果如图 4.11 所示。

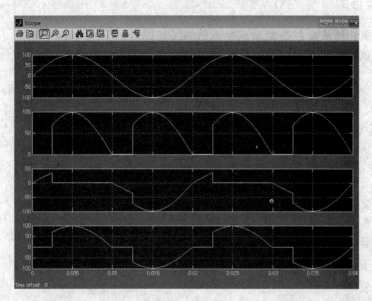

图 4.11　单相桥式全控整流电路带电阻性负载仿真结果

2. 单相桥式全控整流电路带阻感性负载仿真

单相桥式全控整流电路带阻感性负载模型与带电阻性负载模型基本相同，只需把串联 *RLC* 支路（Series RLC Branch）的 Resistance(Ohms)参数改为 10，Inductance(H)参数改为 0.03。单相桥式全控整流电路带阻感性负载仿真结果如图 4.12 所示。（图中各波形含义参见图 4.11。）

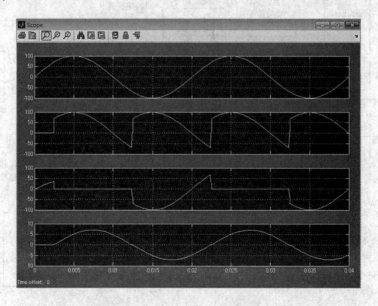

图 4.12　单相桥式全控整流电路带阻感性负载仿真结果

4.3.3　单相桥式全控整流及有源逆变电路 NMCL 实验台实验

一、实验目的

(1) 了解单相桥式全控整流及逆变电路的工作原理。

(2) 研究单相桥式全控整流电路带电阻性负载、阻感性负载及反电势负载时工作的全过程。

(3) 研究单相桥式变流电路逆变的全过程，掌握实现有源逆变的条件。

二、实验设备

(1) 教学实验台主控制屏。

(2) 触发电路和晶闸管主回路(NMCL-33)。

(3) 三相变压器(NMCL-35)。

(4) 可调电阻箱(NMCL-03/4)。

(5) 锯齿波触发电路(NMCL-36B)。

(6) 双踪示波器。

(7) 万用表。

三、实验原理

单相桥式全控整流电路接线图如图 4.13 所示，单相桥式全控逆变电路接线图如图 4.14 所示。NMCL-33 的整流二极管 $VD_1 \sim VD_6$ 组成三相不控整流桥作为逆变桥的直流电源，逆变变压器采用 NMCL-35 绕组式变压器，回路中接入电感 L 及限流电阻 R_p。

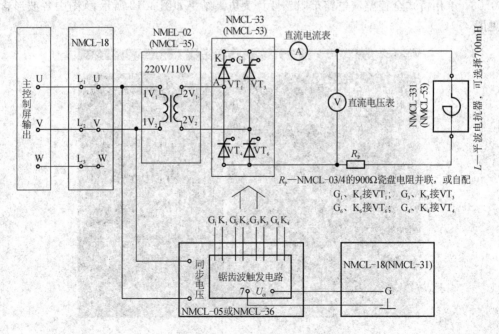

图 4.13　单相桥式全控整流电路

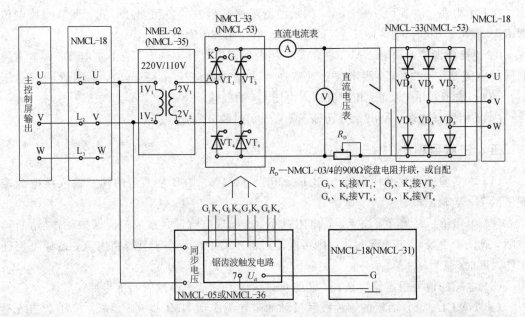

图 4.14　单相桥式全控逆变电路

四、实验内容

(1) 将 NMCL-36B 面板左上角的同步电压输入端接电源控制屏的 U、V 输出端。

(2) 断开 NMCL-35 和 NMCL-33 的连接线,合上主电路电源,此时锯齿波触发电路应处于工作状态。

给定电位器 R_{P1} 逆时针调到底,使 $U_{ct}=0$。调节偏移电压电位器 R_{P2},使 $\alpha=90°$。

断开主电源,按图 4.13 连线。

(3) 单相桥式全控整流电路供电给电阻性负载。

接上电阻性负载(可采用两只电阻并联),逆时针调节电阻性负载至最大,首先短接平波电抗器。闭合主电路电源,调节给定 u_g,测取在不同 α 角(选择 30°、60°、90°)时整流电路的输出电压 $u_d=f(t)$ 和晶闸管的端电压 $u_{VT}=f(t)$ 的波形,并记录相应 α 时的 U_g、电阻性负载电压 U_d 和交流输入电压 U_2 值。

若输出电压的波形不对称,可分别调整锯齿波触发电路中电位器 R_{P1}、R_{P3}。

(4) 单相桥式全控整流电路供电给阻感性负载。

断开平波电抗器短接线,测取在不同控制电压 u_g 时的输出电压 $u_d=f(t)$、负载电流 $i_d=f(t)$ 以及晶闸管端电压 $u_{VT}=f(t)$ 波形,并记录相应 U_g 时的负载电压 U_d、交流输入电源 U_2 值。

注意,负载电流不能过小,否则造成可控硅时断时续,可调节负载电阻 R_P 使其增大,但负载电流不能超过 0.8 A,U_g 从零起调。改变电感值($L=100$ mH),观察 $\alpha=90°$ 时 $u_d=f(t)$、$i_d=f(t)$ 的波形,并加以分析。需要指出的是,增加 U_g 使 α 前移时,若电流太大,可增加与 L 相串联的电阻值加以限流。

(5) 将 NMCL-36B 面板左上角的同步电压输入端接电源控制屏的 U、V 输出端。

(6) 有源逆变实验。

① 将限流电阻 R_P 调整至最大(约 450 Ω),先断开电源控制屏和 NMCL-33 的连接

线，合上主电源；调节 $U_{uv}=220$ V，用示波器观察锯齿波的"1"孔和"6"孔；调节偏移电位器 R_{P2}，使 $U_{ct}=0$ 时，$\beta=10°$；然后调节 U_{ct}、使 β 在 $30°$ 附近。

②连接电源控制屏和 NMCL-33，三相调压器逆时针调到底，合上主电源；调节主控制屏输出使 $U_{uv}=220$ V。用示波器观察逆变电路输出电压 $u_d=f(t)$、晶闸管的端电压 $u_{VT}=f(t)$ 波形，并记录 U_d 和交流输入电压 U_2 的数值。

③采用同样方法，绘出 β 分别等于 $60°$、$90°$ 时的 u_d、u_{VT} 波形。

五、注意事项

（1）本实验中触发脉冲来自 NMCL-36B。NMCL-36B 左上角的同步输入接电源控制屏的 U、V 输出端。

（2）电阻 R_D 的调节需注意。若电阻过小，会出现电流过大造成过流保护动作（熔断丝烧断，或仪表告警）；若电阻过大，则可能流过晶闸管的电流小于其维持电流，造成可控硅工作时断时续。

（3）电感的值可根据需要选择，需防止过大的电感造成晶闸管不能导通。

（4）NMCL-36B 面板的锯齿波触发脉冲需导线连到 NMCL-33 面板，应注意连线不可接错，否则易造成损坏晶闸管。同时，需要注意同步电压的相位，若出现晶闸管移相范围太小（正常范围约 $30°\sim180°$），可尝试改变同步电压极性。

（5）逆变变压器采用 NMCL-35 芯式变压器，原边电压为 220 V，副边电压为 110 V。

（6）示波器的两根地线由于同外壳相连，必须注意需接等电位，否则易造成短路事故。

六、实验报告

（1）绘出单相桥式晶闸管全控整流电路给电阻性负载供电情况下，当 α 分别为 $60°$、$90°$ 时的 u_d、u_{VT} 波形，并加以分析。

（2）绘出单相桥式晶闸管全控整流电路给电阻电感性负载供电情况下，当 $\alpha=90°$ 时的 u_d、i_d、u_{VT} 波形，并加以分析。

（3）作出实验整流电路的输入-输出特性 $U_d=f(U_{ct})$、触发电路特性 $U_{ct}=f(\alpha)$ 及 $U_d/U_2=f(\alpha)$ 的波形。

（4）绘出逆变电路 $\beta=30°$、$60°$、$90°$ 时的 u_d、u_{VT} 波形。

4.4　三相半波可控整流电路实验

4.4.1　电路工作原理

一、带电阻性负载的工作情况

1. 工作原理

为了得到零线，将整流变压器二次绕组接成星形。为了给三次谐波电流提供通路，减少高次谐波对电网的影响，将变压器一次绕组接成三角形。图 4.15 所示为三相半波可控整流电路原理图，图中三个晶闸管的阴极连在一起，为共阴极接法。

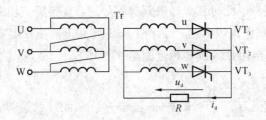

图 4.15 三相半波可控整流电路原理图

二极管换相时刻为自然换相点，是各相晶闸管能触发导通的最早时刻，将其作为计算各晶闸管触发角 α 的起点，即 $\alpha = 0°$。三相半波可控电路在 $\alpha = 0°$ 的波形图如图 4.16 所示。

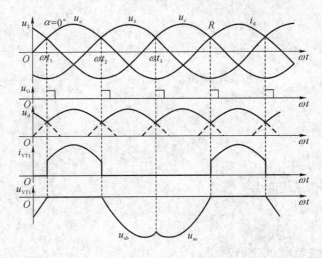

图 4.16 $\alpha = 0°$ 时三相半波可控电路波形图

工作原理与波形分析如下：

在 ωt_1 时刻触发 VT_1，在 $\omega t_1 \sim \omega t_2$ 区间有 $u_a > u_b$、$u_a > u_c$，a 相电压最高，VT_1 承受正向电压而导通，输出电压 $u_d = u_a$；其他晶闸管承受反向电压而不能导通。VT_1 通过的电流 i_{T1} 与变压器二次侧 u 相电流波形相同，大小相等。

在 ωt_2 时刻触发 VT_2，在 $\omega t_2 \sim \omega t_3$ 区间 b 相电压最高，由于 $u_a < u_b$，因此 VT_2 承受正向电压而导通，$u_d = u_b$。VT_1 两端电压 $u_{T1} = u_a - u_b = u_{ab} < 0$，晶闸管 VT_1 承受反向电压关断。在 VT_2 导通期间，VT_1 两端电压 $u_{T1} = u_a - u_b = u_{ab}$。在 ωt_2 时刻发生的一相晶闸管导通变换为另一相晶闸管导通的过程称为换相。

只有承受高电压的晶闸管元件才能被触发导通，输出电压 u_d 的波形是相电压的一部分，每周期脉动三次，是三相电源相电压正半波完整包络线，输出电流 i_d 与输出电压 u_d 波形相同（$i_d = u_d / R$）。

当 $\alpha = 0°$ 时，VT_1 在 VT_2、VT_3 导通时仅承受反压；随着 α 的增加。晶闸管承受正向电压增加。其他两个晶闸管承受的电压波形相同，仅相位依次相差 120°。

注意，增大 α，则整流电压相应减小。

$\alpha = 30°$ 是输出电压、电流连续和断续的临界点。当 $\alpha < 30°$ 时，后一相的晶闸管导通使前一相的晶闸管关断。当 $\alpha > 30°$ 时，导通的晶闸管由于交流电压过零变负而关断后，后一相的晶闸管未到触发时刻,此时三个晶闸管都不导通,直到后一相的晶闸管被触发导通。

从图 4.16 所示波形图可以看出,晶闸管承受最大正向电压是变压器二次相电压的峰值,三相半波整流电路电阻性负载移相范围是 $0° \sim 150°$。

2. 数量关系

(1) 输出电压平均值 U_d。$\alpha = 30°$ 是 u_d 波形连续和断续的分界点,因此在计算输出电压平均值 U_d 时,应分两种情况进行。

① 当 $\alpha \leqslant 30°$ 时,有

$$U_d = \frac{1}{2\pi} \int_{\frac{\pi}{6}+\alpha}^{\frac{5\pi}{6}+\alpha} \sqrt{2} U_2 \sin\omega t \, \mathrm{d}(\omega t) = 1.17 U_2 \cos\alpha$$

当 $\alpha = 0°$ 时,$U_d = U_{d0} = 1.17 U_2$。

② 当 $\alpha > 30°$ 时,有

$$U_d = \frac{1}{2\pi} \int_{\frac{\pi}{6}+\alpha}^{\pi} \sqrt{2} U_2 \sin\omega t \, \mathrm{d}(\omega t) = 0.675 U_2 \left[1 + \cos\left(\frac{\pi}{6} + \alpha\right) \right]$$

当 $\alpha = 150°$ 时,$U_d = 0$。

(2) 输出电流平均值 I_d 为

$$I_d = \frac{U_d}{R}$$

(3) 晶闸管电流平均值 I_{dT} 为

$$I_{dT} = \frac{1}{3} I_d$$

二、带阻感性负载的工作情况

1. 工作原理与波形分析

特点:阻感性负载,L 值很大,i_d 波形基本平直。

当 $\alpha \leqslant 30°$ 时,整流电压波形与电阻性负载的相同。

当 $\alpha > 30°$ 时,u_2 过零时,VT_1 不关断,直到 VT_2 的脉冲到来才换流——u_d 波形中出现负的部分。i_d 波形有一定的脉动,但为简化可将 i_d 近似为一条水平线。阻感性负载时的移相范围为 $90°$。

2. 数量关系

变压器二次电流即晶闸管电流的有效值为

$$I_2 = I_{VT} = \frac{1}{\sqrt{3}} I_d = 0.577 I_d$$

晶闸管的额定电流为

$$I_{VT(AV)} = \frac{I_{VT}}{1.57} = 0.368 I_d$$

晶闸管最大正、反向电压峰值均为变压器二次线电压峰值:

$$U_{FM} = U_{RM} = 2.45 U_2$$

结论:三相半波的主要缺点在于其变压器二次电流中含有直流分量,为此其应用较少。

4.4.2　三相半波可控整流电路 MATLAB/Simulink 仿真实验

一、实验目的

（1）加深理解三相半波可控整流带电阻性负载和带阻感性负载时电路的工作原理。

（2）掌握三相半波可控整流电路的 MATLAB/Simulink 的仿真建模方法，学会设置模块参数。

二、实验设备

（1）PC。

（2）MATLAB 7.1.0 仿真软件。

三、实验仿真

1. 三相半波可控整流电路带电阻性负载仿真

三相半波可控整流电路带电阻性负载仿真模型如图 4.17 所示。

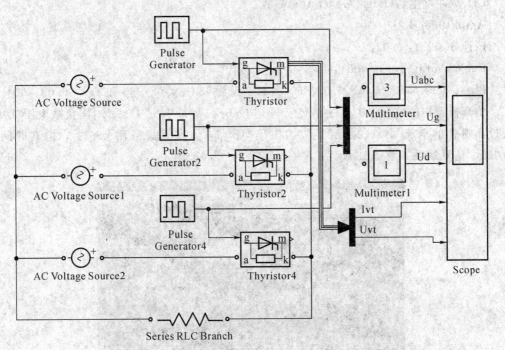

图 4.17　三相半波可控整流电路带电阻性负载仿真模型

仿真模型中各模块参数设置如下：

（1）交流电压源（AC Voltage Source）参数：

peak amplitude（V）：100。

Phase（deg）：0（其余两个分别设为 −120 和 120）。

Frequency（Hz）：50。

Sample time：0。

Measurements：Voltage。

（2）晶闸管（Thyristor）参数：

Resistance Ron(Ohms)：0.001。

Inductance Lon(H)：0。

Forward voltage Vf(V)：0.8。

Initial current Ic(A)：0。

Snubber resistance Rs(Ohms)：500。

Snubber capacitance Cs(F)：250e−9。

Show measurement port：选中。

（3）串联 RLC 支路（Series RLC Branch）参数：

Resistance(Ohms)：1。

Inductance(H)：0。

capacitance(F)：inf。

Measurements：Branch Voltage。

（4）脉冲发生器（Pulse Generator）参数：

Amplitude：1。

Period(secs)：0.02。

Pulse width(％of period)：10。

Phase delay(secs)：30 * 0.02/360（另两个设为 150 * 0.02/360 和 270 * 0.02/360）。

仿真模型中的波形依次是三相交流电压"Uabc"、脉冲电压"Ug"、电阻负载电压"Ud"、流过晶闸管的电流"Ivt"、晶闸管两端电压"Uvt"，仿真算法采用 ode15s，仿真时间为 0.04 s。仿真结果如图 4.18 所示。

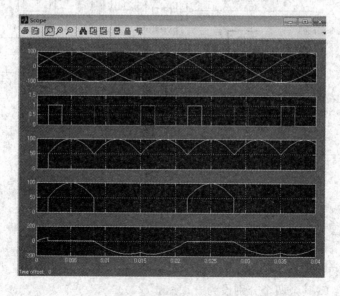

图 4.18 三相半波可控整流电路带电阻性负载仿真结果

2. 三相半波可控整流电路带阻感性负载仿真

三相半波可控整流电路带阻感性负载模型与带电阻性负载模型基本相同,只需把串联 RLC 支路(Series RLC Branch)的 Inductance(H)参数改为 0.005,脉冲发生器的 Phase delay(secs)参数改为 90 * 0.02/360(另两个设为 210 * 0.02/360 和 330 * 0.02/360)。三相半波可控整流电路带阻感性负载仿真模型及波形分别如图 4.19 和图 4.20 所示。(仿真模型中的波形含义参见图 4.18。)

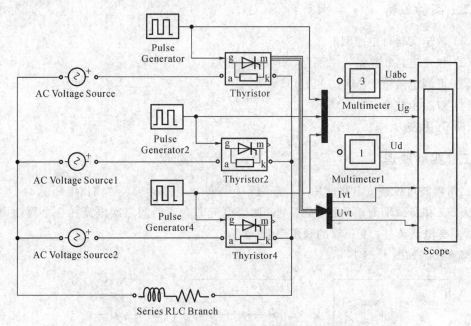

图 4.19 三相半波可控整流电路带阻感性负载仿真模型

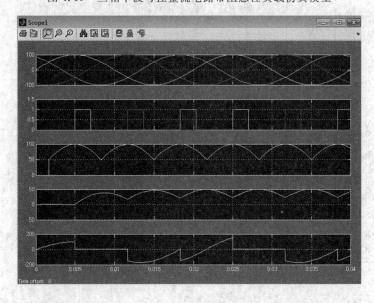

图 4.20 三相半波可控整流电路带阻感性负载仿真结果

4.4.3　三相半波可控整流电路 NMCL 实验台实验

一、实验目的

了解三相半波可控整流电路的工作原理,研究可控整流电路在电阻性负载和电阻电感性负载时的工作原理。

二、实验设备

(1) 教学实验台主控制屏。

(2) 触发电路和晶闸管主回路(NMCL-33)。

(3) 可调电阻箱(NMCL-03/4)。

(4) 双踪示波器。

(5) 万用表。

三、实验原理

三相半波可控整流电路使用三只晶闸管,与单相电路比较,其输出电压脉动小,输出功率大,三相负载平衡;不足之处是,晶闸管电流即变压器的二次电流在一个周期内只有 1/3 时间有电流流过,变压器的利用率低。

实验线路如图 4.21 所示。

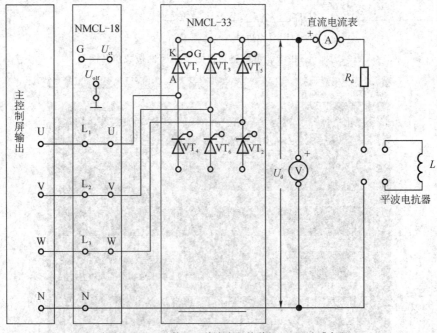

R_d—选用NMCL-03/4的900Ω瓷盘电阻并联(I_{max}=0.8 A)或自配

图 4.21　三相半波可控整流电路接线图

四、实验内容

(1) 按图 4.21 接线，未连上主电源之前，检查晶闸管的脉冲是否正常。

① 打开电源开关，给定电压有电压显示。

② 用示波器观察 NMCL-33(或 NMCL-53，以下同)的双脉冲观察孔，应有间隔均匀、幅度相同的双脉冲。

③ 检查相序，用示波器观察"1""2"单脉冲观察孔，若"1"脉冲超前"2"脉冲 60°，则相序正确；否则，应调整输入电源。

④ 用示波器观察每只晶闸管的控制极和阴极，应有幅度为 1 V～2 V 的脉冲。

(2) 研究三相半波可控整流电路给电阻性负载时供电的工作。

合上主电源，接上电阻性负载，调节主控制屏输出电压 U_{uv}、U_{vw}、U_{wv}，从 0 V 调至 110 V。

① 改变控制电压 U_{ct}，观察在不同触发移相角 α 时，可控整流电路的输出电压 $u_d = f(t)$ 与输出电流 $i_d = f(t)$ 波形，并记录相应的 U_d、I_d、U_{ct} 值。

② 记录 $\alpha = 90°$ 时的 $u_d = f(t)$ 及 $i_d = f(t)$ 的波形图。

③ 求取三相半波可控整流电路的输入-输出特性 $U_d / U_2 = f(\alpha)$。

④ 求取三相半波可控整流电路的负载特性 $U_d = f(I_d)$。

(3) 研究三相半波可控整流电路给电阻电感性负载供电时的工作。

接入 NMCL-33 的电抗器 $L = 700$ mH，可把原负载电阻 R_d 调小，监视电流，不宜超过 0.8 A(注意，若超过 0.8 A，可用导线把负载电阻短路)，操作方法同上。

① 观察不同移相角 α 时的输出 $u_d = f(t)$、$i_d = f(t)$ 波形，并记录相应的 U_d、I_d 值；记录 $\alpha = 90°$ 时的 $u_d = f(t)$、$i_d = f(t)$、$u_{VT} = f(t)$ 波形图。

② 求取整流电路的输入-输出特性 $U_d / U_2 = f(\alpha)$。

五、注意事项

(1) 整流电路与三相电源连接时，一定要相序正确。

(2) 整流电路的负载电阻不宜过小，应使 I_d 不超过 0.8 A；同时负载电阻不宜过大，保证 I_d 超过 0.1 A，避免晶闸管工作时断时续。

(3) 正确使用示波器，避免示波器的两根地线接在非等电位的端点上，造成短路事故。

六、实验报告

(1) 分别绘出整流电路给电阻性负载、电阻电感性负载供电时的 $u_d = f(t)$、$i_d = f(t)$ 及 $u_{VT} = f(t)$(在 $\alpha = 90°$ 情况下)波形图，并进行分析讨论。

(2) 根据实验数据，绘出整流电路的负载特性 $U_d = f(I_d)$、输入-输出特性 $U_d / U_2 = f(\alpha)$。

七、思考题

(1) 如何确定三相触发脉冲的相序？它们之间分别应有多大的相位差？

(2) 根据所用晶闸管的定额，如何确定整流电路允许的输出电流？

4.5 三相桥式半控整流电路实验

4.5.1 电路工作原理

三相桥式半控整流电路主电路是由一个三相半波不可控整流电路与一个三相半波可控整流电路串联而成的,因此这种电路兼有可控与不可控两者的特点。共阳极组的整流二极管总是在自然换相点换流,使电流换到阴极电位更低的一相上去;而共阴极组的 3 个晶闸管则是要触发后才能换到阳极电位更高的一相中去。输出整流电压 u_d 的波形是二组整流电压波形之和;改变可控组的控制角可得到 $0 \sim 2.34 U_2$ 的可调输出平均电压 U_d。

4.5.2 三相桥式半控整流电路 MATLAB/Simulink 仿真实验

一、实验目的

(1) 加深理解三相桥式半控整流带电阻性负载和带阻感性负载时电路的工作原理。
(2) 掌握三相桥式半控整流电路的 MATLAB/Simulink 的仿真建模方法,学会设置模块参数。

二、实验设备

(1) PC。
(2) MATLAB 7.1.0 仿真软件。

三、实验内容

1. 三相桥式半控整流电路带电阻性负载仿真

三相桥式半控整流电路带电阻性负载仿真模型如图 4.22 所示。

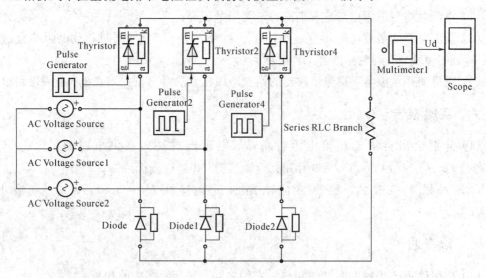

图 4.22 三相桥式半控整流电路带电阻性负载仿真模型

仿真模型中各模块参数设置如下：

（1）交流电压源（AC Voltage Source）参数：

peak amplitude(V)：100。

Phase(deg)：0（其余两个分别设为 −120 和 120）。

Frequency(Hz)：50。

Sample time：0。

Measurements：Voltage。

（2）晶闸管（Thyristor）参数：

Resistance Ron(Ohms)：0.001。

Inductance Lon(H)：0。

Forward voltage Vf(V)：0.8。

Initial current Ic(A)：0。

Snubber resistance Rs(Ohms)：500。

Snubber capacitance Cs(F)：250e − 9。

Show measurement port：选中。

（3）二极管（Diode）参数：

Resistance Ron(Ohms)：0.001。

Inductance Lon(H)：0。

Forward voltage Vf(V)：0.8。

Initial current Ic(A)：0。

Snubber resistance Rs(Ohms)：500。

Snubber capacitance Cs(F)：250e − 9。

（4）串联 *RLC* 支路（Series RLC Branch）参数：

Resistance(Ohms)：1。

Inductance(H)：0。

capacitance(F)：inf。

Measurements：Branch Voltage。

（5）脉冲发生器（Pulse Generator）参数：

Amplitude：1。

Period(secs)：0.02。

Pulse width(% of period)：10。

Phase delay(secs)：30 ∗ 0.02/360（另两个设为 150 ∗ 0.02/360 和 270 ∗ 0.02/360）。

触发角 $\alpha = 30°$ 时带电阻性负载的仿真结果如图 4.23 所示，图中波形为电阻性负载电压。

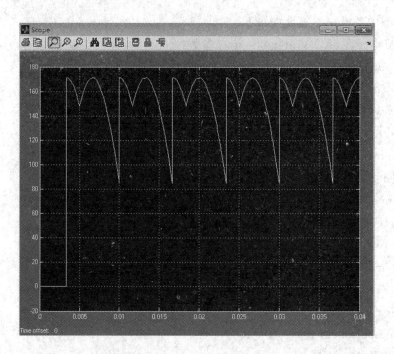

图 4.23　三相桥式半控整流电路带电阻性负载 $\alpha=30°$的仿真结果

　　对触发角 $\alpha=60°$、$150°$进行仿真，只需把脉冲发生器的 Phase delay(secs)参数分别改为 $90*0.02/360$(另两个设为 $210*0.02/360$ 和 $330*0.02/360$)、$180*0.02/360$(另两个设为 $300*0.02/360$ 和 $60*0.02/360$)，其他参数不变。其仿真结果分别如图 4.24 和图 4.25 所示，图中波形为电阻性负载电压。

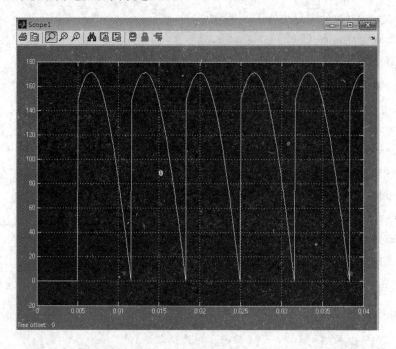

图 4.24　三相桥式半控整流电路带电阻性负载 $\alpha=60°$的仿真结果

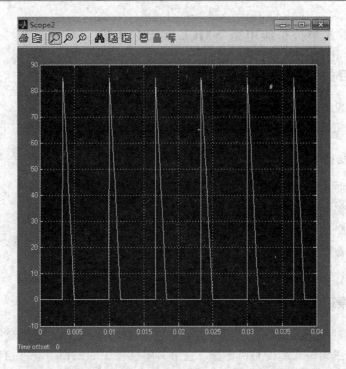

图 4.25　三相桥式半控整流电路带电阻性负载 $\alpha=150°$ 的仿真结果

2. 三相半波可控整流电路带阻感性负载仿真

三相半波可控整流电路带阻感性负载模型与带电阻性负载的模型基本相同，只需把串联 RLC 支路(Series RLC Branch)的 Inductance(H)参数改为 0.005，其他参数不变。三相半波可控整流电路带阻感性负载(触发角 $\alpha=30°$)仿真结果如图 4.26 所示，图中波形为阻感性负载电压。

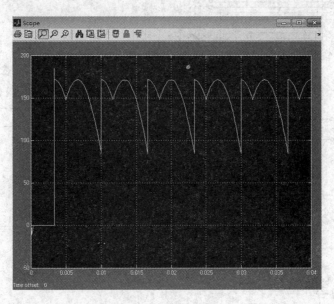

图 4.26　三相桥式半控整流电路带阻感性负载 $\alpha=30°$ 的仿真结果

4.5.3 三相桥式半控整流电路 NMCL 实验台实验

一、实验目的

(1) 熟悉触发电路和晶闸管主回路(NMCL-33)。

(2) 了解三相桥式半控整流电路的工作原理及输出电压、电流波形。

二、实验设备

(1) 教学实验台主控制屏。

(2) 触发电路和晶闸管主回路(NMCL-33)。

(3) 可调电阻箱(NMCL-03/4)。

(4) 双踪示波器。

(5) 万用表。

三、实验原理

在中等容量的整流装置或要求不可逆的电力拖动中,可采用比三相全控桥式整流电路更简单、经济的三相桥式半控整流电路。它由共阴极接法的三相半波可控整流电路与共阳极接法的三相半波不可控整流电路串联而成,因此这种电路兼有可控与不可控两者的特性。共阳极组三个整流二极管总是自然换流点换流,使电流换到比阴极电位更低的一相中去,而共阴极组三个晶闸管则要在触发后才能换到阳极电位高的一相中去。输出整流电压 u_d 的波形是三组整流电压波形之和;改变共阴极组晶闸管的控制角 α,可获得 $0\sim2.34U_{2\varphi}$ 的直流可调电压。实验线路如图 4.27 所示。

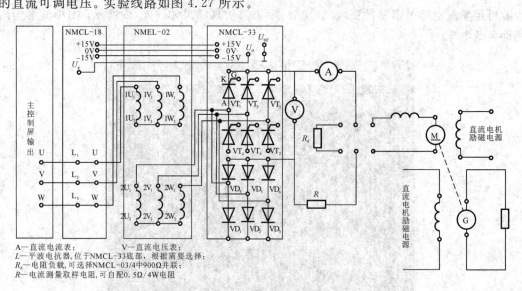

A—直流电流表; V—直流电压表;
L—平波电抗器,位于NMCL-33底部,根据需要选择;
R_d—电阻负载,可选择NMCL-03/4中900Ω并联;
R—电流测量取样电阻,可自配0.5Ω/4W电阻

图 4.27 三相桥式半控整流电路

四、实验内容

(1) 按图 4.27 接线,未连上主电源之前,检查晶闸管的脉冲是否正常。

① 打开电源开关,给定电压有电压显示。

② 用示波器观察双脉冲观察孔,应有间隔均匀、幅度相同的双脉冲。

③ 检查相序,用示波器观察"1""2"单脉冲观察孔,若"1"脉冲超前"2"脉冲 60°,则相序正确;否则,应调整输入电源。

④ 用示波器观察每只晶闸管的控制极和阴极,应有幅度为 1 V ～2 V 的脉冲。

(2) 三相半控桥式整流电路给电阻性负载供电时的工作。

三相调压器逆时针调到底,合上主电源;调节主控制屏 U、V、W 输出电压至线电压为 220 V。

调节负载电阻,使 R_d 大于 200 Ω。注意,该电阻不能过大,应保持 i_d 不小于 100 mA,否则可控硅由于存在维持电流,工作时容易时断时续。

注:选择 NMCL-Ⅲ、Ⅴ,若其中无三相调压器,则可直接合上主电源。以下操作均类同。

① 调节 U_{ct},观察在 30°、60°、90°、120° 等不同移相范围内,整流电路的输出电压 $u_d = f(t)$、输出电流 $i_d = f(t)$ 以及晶闸管端电压 $u_{VT} = f(t)$ 的波形,并加以记录。

② 读取本整流电路的特性 $U_d/U_2 = f(\alpha)$。

(3) 三相半控桥式整流电路给反电势负载供电时的工作。

① 设置电感量较大时($L = 700$ mH),调节 U_{ct},观察在不同移相角时整流电路供电给反电势负载的输出电压 $u_d = f(t)$、输出电流 $i_d = f(t)$ 的波形,并给出 $\alpha = 60°$、90°时的相应波形。

注意,电机空载时,由于其电流比较小,电流有可能时断时续。

② 在相同电感量下,测取本整流电路在 $\alpha = 60°$ 与 $\alpha = 90°$ 时给反电势负载供电的负载特性 $n = f(I_d)$。从电机空载开始,测取 5~7 个点的数据,按要求分别填入表 4.1 和表 4.2 中。(注意,电流最大不能超过 1 A。)

表 4.1　实 验 数 据

$\alpha = 60°$

序号	1	2	3	4	5	6	7
I_d/A							
$n/(r/min)$							

表 4.2　实 验 数 据

$\alpha = 90°$

序号	1	2	3	4	5	6	7
I_d/A							
$n/(r/min)$							

(4) 观察平波电抗器的作用。

① 在大电感量与 $\alpha = 120°$ 条件下,测取反电势负载特性曲线。注意,要读取从电流连续到电流断续临界点的数据,并记录此时的 $u_d = f(t)$ 和 $i_d = f(t)$。

② 减小电感量，重复①的实验内容。

五、注意事项

(1) 给电阻性负载供电时，电流不能超过负载电阻允许的最大值；给反电势负载供电时，电流不能超过电机的额定电流($I_d = 1$ A)。

(2) 在电动机起动前必须预先做好以下几点：

① 先加上电动机的励磁电流，然后才可使整流装置工作。

② 起动前，必须置控制电压 U_{ct} 于零位，整流装置的输出电压 U_d 最小，合上主电路后，才可逐渐加大控制电压。

(3) 主电路的相序不可接错，否则容易烧毁晶闸管。

(4) 示波器的两根地线与外壳相连，使用时地线必须等电位，以避免造成短路事故。

六、实验报告

(1) 作出整流电路的输入-输出特性 $U_d/U_2 = f(\alpha)$。

(2) 绘出实验的整流电路在给反电势负载供电时的 $u_d = f(t)$ 和 $i_d = f(t)$ 波形曲线。

(3) 绘出实验的整流电路给电阻负载供电时的 $u_d = f(t)$ 和 $i_d = f(t)$ 以及晶闸管端电压 $u_{VT} = f(t)$ 的波形。

(4) 分别绘出整流电路在 $\alpha = 60°$ 与 $\alpha = 90°$ 时给反电势负载供电时的负载特性曲线 $n = f(I_d)$。

(5) 分析本整流电路在反电势负载工作时，整流电流从断续到连续的临界值与哪些因素有关。

七、思考题

(1) 为什么说可控整流电路给电动机负载供电与给电阻性负载供电在工作上有很大差别？

(2) 本实验电路在电阻性负载工作时能否突加一阶跃控制电压？在电动机负载工作时呢？为什么？

4.6　三相桥式全控整流及有源逆变电路实验

4.6.1　电路工作原理

一、带电阻性负载的工作情况

三相半波可控整流的变压器存在直流磁化的问题，造成变压器发热和利用率下降。三相全控桥式整流电路是由三相半波可控整流电路演变而来的，它可看作三相半波共阴极接法(VT_1、VT_3、VT_5)和三相半波共阳极接法(VT_4、VT_6、VT_2)的串联组合。其原理图如图 4.28 所示。

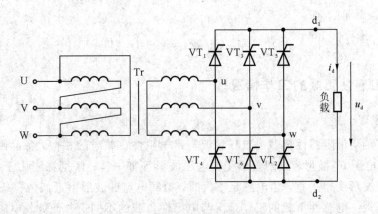

图 4.28 三相桥式全控整流电路

1. 工作原理

三相全控整流电路中共阴极接法（VT_1、VT_3、VT_5）和共阳极接法（VT_4、VT_6、VT_2）的控制角 α，分别与三相半波可控整流电路共阴极接法和共阳极接法相同。在一个周期内，晶闸管的导通顺序依次为 VT_1、VT_2、VT_3、VT_4、VT_5、VT_6。

2. 三相全控桥式整流电路的工作特点

（1）任何时刻共阴、共阳极组各有一只元件同时导通才能形成电流通路。

（2）共阴极组晶闸管 VT_1、VT_3、VT_5 按相序依次触发导通，其相位相差 $120°$；而共阳极组晶闸管 VT_2、VT_4、VT_6 的相位相差 $120°$；同一相的晶闸管相位相差 $180°$。每个晶闸管导通角为 $120°$。

（3）输出电压 u_d 由六段线电压组成，每周期脉动六次，每周期脉动频率为 300 Hz。

（4）晶闸管承受的电压波形与三相半波时的相同，它只与晶闸管导通情况有关，其波形由 3 段组成：一段为零（忽略导通时的压降），另外两段为线电压。晶闸管承受最大正、反向电压的关系也相同。

（5）变压器二次绕组流过正、负两个方向的电流，消除了变压器的直流磁化，提高了变压器的利用率。

（6）对触发脉冲宽度的要求：整流桥开始工作时以及电流中断后，要使电路正常工作，需保证同时导通的 2 个晶闸管均有脉冲。常用的方法有两种：一种是宽脉冲触发，它要求触发脉冲的宽度大于 $60°$（一般为 $80°\sim100°$）；另一种是双窄脉冲触发，即触发一个晶闸管时，向小一个序号的晶闸管补发脉冲。因为宽脉冲触发要求触发功率大，易使脉冲变压器饱和，所以多采用双窄脉冲触发。

3. 参数计算

由于 $\alpha=60°$ 是输出电压 u_d 波形连续和断续的分界点，因此输出电压平均值分两种情况计算：

（1）当 $\alpha\leqslant60°$ 时，有

$$U_d = \frac{1}{\pi/3}\int_{\frac{\pi}{3}+\alpha}^{\frac{2\pi}{3}+\alpha}\sqrt{2}\sqrt{3}U_2\sin\omega t\,\mathrm{d}(\omega t) = 2.34U_2\cos\alpha = 1.35U_{2L}\cos\alpha$$

当 $\alpha=0°$ 时，$U_d = U_{d0}=2.34U_2$。

（2）当 $\alpha > 60°$ 时，有

$$U_d = \frac{1}{\pi/3}\int_{\frac{\pi}{3}+\alpha}^{\pi} \sqrt{3}\sqrt{2}U_2\sin\omega t\, \mathrm{d}(\omega t) = 2.34U_2\left[1 + \cos\left(\frac{\pi}{3} + \alpha\right)\right]$$

二、带阻感性负载的工作情况

1. 工作原理

当 $\alpha \leqslant 60°$ 时，带阻感性负载的工作情况与带电阻性负载时的相似，各晶闸管的通断情况、输出整流电压 u_d 波形、晶闸管承受的电压波形等都一样；区别在于由于电感的作用，使得负载电流波形变得平直，当电感足够大时，负载电流的波形可近似为一条水平线。

当 $\alpha > 60°$ 时，电感性负载的工作情况与电阻性负载的不同，由于负载电感感应电势的作用，u_d 波形会出现负的部分。当 $\alpha = 90°$ 时，u_d 波形上下对称且平均值为零，因此带电感性负载三相桥式全控整流电路的 α 角移相范围为 $90°$。

2. 参数计算

（1）输出电压平均值。由于 u_d 波形是连续的，因此

$$U_d = \frac{1}{\pi/3}\int_{\frac{\pi}{3}+\alpha}^{\frac{2\pi}{3}+\alpha} \sqrt{6}U_2\sin\omega t\, \mathrm{d}(\omega t) = 2.34U_2\cos\alpha = 1.35U_{2L}\cos\alpha$$

当 $\alpha = 0°$ 时，$U_{d0} = 2.34U_2$。

（2）输出电流平均值为

$$I_d = \frac{1}{R}2.34U_2\cos\alpha$$

（3）晶闸管电流平均值为

$$I_{dT} = \frac{1}{3}I_d$$

（4）晶闸管电流有效值为

$$I_T = \frac{1}{\sqrt{3}}I_d = 0.577I_d$$

（5）晶闸管额定电流为

$$I_{T(AV)} = \frac{I_T}{1.57}(1.5 \sim 2) = 0.368I_d(1.5 \sim 2)$$

（6）变压器二次电流有效值为

$$I_2 = \sqrt{2}I_T = \sqrt{\frac{2}{3}}I_d = 0.816I_d$$

4.6.2　三相桥式全控整流及有源逆变电路 MATLAB/Simulink 仿真实验

一、实验目的

（1）加深理解三相桥式全控整流及有源逆变电路的工作原理。

（2）掌握三相桥式全控整流及有源逆变电路的 MATLAB/Simulink 的仿真建模方法，学会设置模块参数。

二、实验设备

(1) PC。

(2) MATLAB 7.1.0 仿真软件。

三、实验内容

1. 三相桥式全控整流电路带电阻性负载仿真

三相桥式全控整流电路带电阻性负载仿真模型如图 4.29 所示。

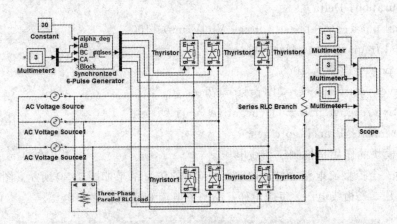

图 4.29　三相桥式全控整流电路带电阻性负载仿真模型

仿真模型中各模块参数设置如下：

(1) 交流电压源(AC Voltage Source)参数：

peak amplitude(V)：100。

Phase(deg)：0(其余两个分别设为 -120 和 120)。

Frequency(Hz)：50。

Sample time：0。

Measurements：Voltage。

(2) 晶闸管 Thyristor)参数：

Resistance Ron(Ohms)：0.001。

Inductance Lon(H)：0。

Forward voltage Vf(V)：0.8。

Initial current Ic(A)：0。

Snubber resistance Rs(Ohms)：500。

Snubber capacitance Cs(F)：250e - 9。

Show measurement port：选中。

(3) 串联 RLC 支路(Series RLC Branch)参数：

Resistance(Ohms)：1。

Inductance(H)：0。

capacitance(F)：inf。

Measurements：Branch Voltage。

（4）同步 6 脉冲发生器(Synchronized 6 - Pulse Generator)参数：

Frequency of Synchronization voltage(Hz)：50。

Pulse width(% of period)：10。

注：该模块的输入 alpha_deg 为触发脉冲移相控制角度输入端。输入 AB、BC、CA 是同步线电压的输入端。输入 Block 为该模块使能端，当输入信号为 0 时，模块使能；当输入信号大于 0 时，模块被禁用。

（5）三相并联 *RLC* 负载(Three - phase Parallel RLC Load)参数：

Configuration：Delta。

Nominal phase - to - phase voltage Vn(Vrms)：1000。

Nominal frequency fn(Hz)：50。

Active power P(W)：10e3。

Inductive reactive power QL(positive var)：0。

Capacitive reactive power Qc(negative var)：0。

Measurements：Branch voltages。

注：该模块的作用是检测三相线电压。

三相桥式全控整流电路(电阻性负载 $\alpha=0°$)的仿真结果如图 4.30 所示，图中波形依次是三相相电压、三相线电压、负载电压、晶闸管电流和晶闸管两端电压。

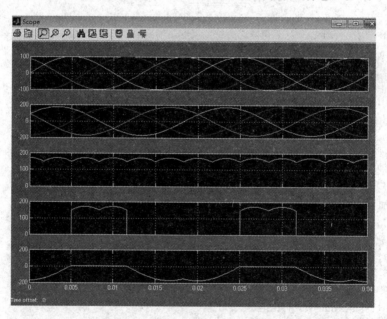

图 4.30　三相桥式全控整流电路带电阻性负载 $\alpha=0°$仿真结果

对三相桥式全控整流电路(电阻性负载 $\alpha=30°$)进行仿真，只需把同步 6 脉冲发生器的 alpha_deg 输入信号改为 30，其余参数不变。其仿真结果如图 4.31 所示。(图中各波形含义参见图 4.30。)

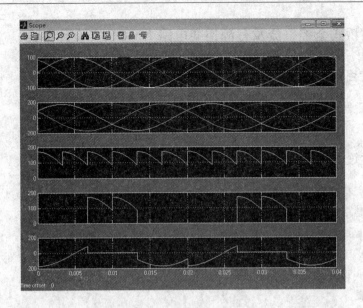

图 4.31　三相桥式全控整流电路带电阻性负载 $\alpha = 30°$ 仿真结果

2. 三相桥式全控整流电路带阻感性负载仿真

三相桥式全控整流电路带阻感性负载的仿真电路模型与带电阻性负载的相同，只需要把串联 RLC 支路的 Inductance(H) 参数改为 0.05，同步 6 脉冲发生器的 alpha_deg 输入信号改为 90（即 $\alpha = 90°$），其余参数不变。其仿真结果如图 4.32 所示。（图中各波形含义参见图 4.30。）

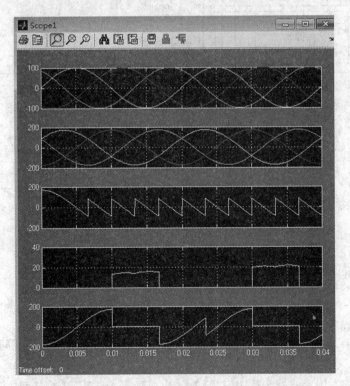

图 4.32　三相桥式全控整流电路带阻感性负载 $\alpha = 90°$ 仿真结果

4.6.3　三相桥式全控整流及有源逆变电路 NMCL 实验台实验

一、实验目的

(1) 熟悉触发电路和晶闸管主回路(NMCL-33)。

(2) 熟悉三相桥式全控整流及有源逆变电路的接线及工作原理。

二、实验设备

(1) 教学实验台主控制屏。

(2) 触发电路和晶闸管主回路(NMCL-33)。

(3) 可调电阻箱(NMCL-03/4)。

(4) 三相变压器(NMCL-35)。

(5) 双踪示波器。

(6) 万用表。

三、实验原理

实验线路如图 4.33 所示。主电路由三相全控变流电路及作为逆变直流电源的三相不可控整流桥组成。触发电路为数字集成电路,可输出经高频调制后的双窄脉冲链。

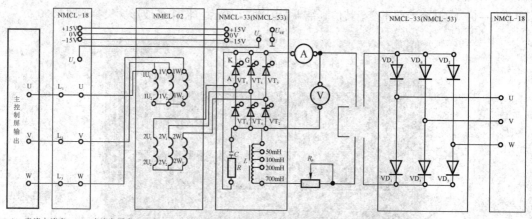

A—直流电流表;　V—直流电压表;
L—平波电抗器,可选择700 mH; R_p—NMCL-03/4的900 Ω瓷盘电阻并联,或自配1.9 kΩ、0.65 A双联滑线变阻器

图 4.33　三相桥式全控整流电路接线图

四、实验内容

(1) 按图 4.33 接线,未连上主电源之前,检查晶闸管的脉冲是否正常。

① 打开电源开关,给定电压有电压显示。

② 用示波器观察 NMCL-33 的双脉冲观察孔,应有间隔均匀且相互间隔60°的幅度相同的双脉冲。

③ 检查相序,用示波器观察"1""2"单脉冲观察孔,若"1"脉冲超前"2"脉冲60°,则相序正确;否则,应调整输入电源。

④ 用示波器观察每只晶闸管的控制极和阴极，应有幅度为 1 V～2 V 的脉冲。

注：将面板上的 U_{blf}（当三相桥式全控变流电路使用 I 组桥晶闸管 $VT_1 \sim VT_6$ 时）接地，将 I 组桥式触发脉冲的六个开关均拨到"接通"。

⑤ 将给定器输出 U_g 接至 NMCL-33 面板的 U_{ct} 端，调节偏移电压 U_b，在 $U_{ct}=0$ 时，使 $\alpha=150°$。

（2）三相桥式全控整流电路。

按图 4.33 接线，S 拨向左边短接线端，将 R_d 调至最大（450 Ω）。

三相调压器逆时针调到底，合上主电源，调节主控制屏输出电压 U_{uv}、U_{vw}、U_{wu}，从 0 V 调至 220 V。

调节 U_{ct}，使 α 在 30°～90°范围内，用示波器分别观察并记录 $\alpha=30°$、60°、90°时，整流电压 $u_d=f(t)$、晶闸管两端电压 $u_{VT}=f(t)$ 的波形；记录相应的 U_d 和交流输入电压 U_2 数值。

（3）三相桥式有源逆变电路。

断开电源开关后，将 S 拨向右边的不可控整流桥，调节 U_{ct}，使 α 仍为 150°左右。

三相调压器逆时针调到底，合上主电源，调节主控制屏输出电压 U_{uv}、U_{vw}、U_{wu}，从 0 V 调至 220 V 合上电源开关。

调节 U_{ct}，分别观察 $\alpha=90°$、120°、150°时电路中 u_d、u_{VT} 的波形，并记录相应的 U_d、U_2 数值。

（4）电路模拟故障现象观察。在整流状态时，断开某一晶闸管元件的触发脉冲开关，则该元件无触发脉冲即该支路不能导通，观察并记录此时的 u_d 波形。

五、实验报告

（1）画出电路的移相特性 $U_d=f(\alpha)$ 曲线。

（2）作出整流电路的输入-输出特性 $U_d/U_2=f(\alpha)$。

（3）画出三相桥式全控整流电路，α 角分别为 30°、60°、90°时的 u_d、u_{VT} 波形。

（4）画出三相桥式有源逆变电路，β 角分别为 150°、120°、90°时的 u_d、u_{VT} 波形。

（5）简单分析仿真中的故障现象。

4.7 单相调压电路实验

4.7.1 电路工作原理

一、带电阻性负载的工作情况

单相调压电路如图 4.34 所示，正、负半周以同样的移相角触发 VT_1 和 VT_2，则负载电压有效值可以随移相角而改变，实现交流调压。其波形图如图 4.35 所示。

负载上交流电压有效值 U 与控制角 α 的关系为

$$U=\sqrt{\frac{1}{\pi}\int_\alpha^\pi(\sqrt{2}U_2\sin\omega t)^2\mathrm{d}(\omega t)}=U_2\sqrt{\frac{1}{2\pi}\sin2\alpha+\frac{\pi-\alpha}{\pi}}$$

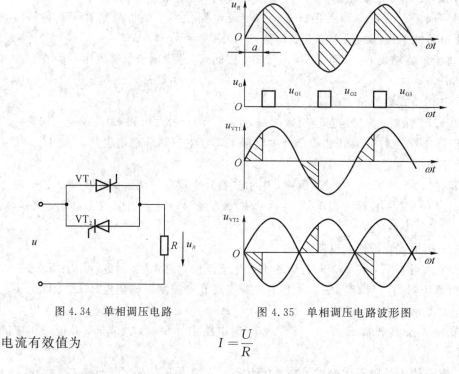

图 4.34　单相调压电路　　　　　　图 4.35　单相调压电路波形图

电流有效值为

$$I = \frac{U}{R}$$

二、带阻感性负载的工作情况

当电源电压由正半周过零反向时,负载电感中产生感应电动势阻止电流变化,使电流未到零(即电压过零时晶闸管没有关断),还将继续导通到负半周。

在一个晶闸管导电时,它的管压降成为另一晶闸管的反向电压而使其截止。此时晶闸管导通角 θ 的大小,不但与控制角 α 有关,而且与负载阻抗角 φ 有关。两只晶闸管门极的起始控制点分别定在电源电压每个半周的起始点,α 的最大范围 $\varphi \leqslant \alpha < \pi$。

单相交流调压有如下特点:

(1)电阻性负载时,负载电流波形与单相桥式可控整流交流侧的波形一致。改变控制角可以连续改变负载电压有效值,达到交流调压的目的。单相交流调压的触发电路完全可以套用整流触发电路。

(2)电感性负载时,不能用窄脉冲触发;否则当 $\alpha < \varphi$ 时,会产生很大的直流电流分量,从而烧毁熔断器或晶闸管。

(3)电感性负载时,最小控制角 $\alpha_{\min} = \varphi$(阻抗角),所以移相范围为 $\varphi \sim 180°$;电阻性负载时,移相范围是 $0 \sim 180°$。

4.7.2　单相调压电路 MATLAB/Simulink 仿真实验

一、实验目的

(1)加深理解单相调压电路带电阻性负载和带阻感性负载时的工作原理。

(2)掌握单相调压电路的 MATLAB/Simulink 的仿真建模方法,学会设置模块参数。

二、实验设备

(1) PC。

(2) MATLAB 7.1.0 仿真软件。

三、实验内容

1. 单相调压电路带电阻性负载仿真

单相调压电路带电阻性负载仿真模型如图 4.36 所示。

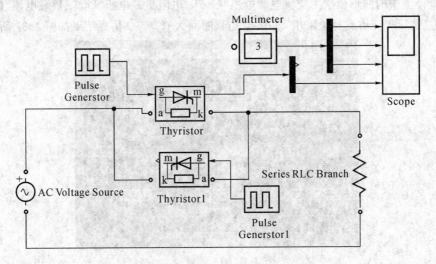

图 4.36 单相调压电路带电阻性负载仿真模型

模型中各模块参数设置如下：

(1) 交流电压源(AC Voltage Source)参数：

peak amplitude(V)：100。

Phase(deg)：0(其余两个分别设为 -120 和 120)。

Frequency(Hz)：50。

Sample time：0。

Measurements：Voltage。

(2) 晶闸管(Thyristor)参数：

Resistance Ron(Ohms)：0.001。

Inductance Lon(H)：0。

Forward voltage Vf(V)：0.8。

Initial current Ic(A)：0。

Snubber resistance Rs(Ohms)：500。

Snubber capacitance Cs(F)：250e-9。

Show measurement port：选中。

(3) 串联 RLC 支路(Series RLC Branch)参数：

Resistance(Ohms)：1。

Inductance(H)：0。

Capacitance(F)：inf。

Measurements：Branch Voltage and current。

（4）脉冲发生器(Pulse Generator)参数：

Amplitude：1。

Period(secs)：0.02。

Pulse width(% of period)：10。

Phase delay(secs)：30 * 0.02/360（另一个设为 210 * 0.02/360）。

　　仿真模型中的波形依次为交流电源电压"Uac"、电阻负载电压"U0"、负载电流"I0"、晶闸管两端电压"Uvt"，仿真算法采用 ode15s，仿真时间为 0.04 s。仿真结果如图 4.37 所示。

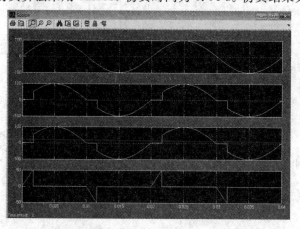

图 4.37　单相调压电路带电阻性负载仿真结果

2. 单相调压电路带阻感性负载仿真

　　单相调压电路带阻感性负载的仿真电路模型与电阻性负载的相同，只需要把串联 *RLC* 支路的 Inductance(H)参数改为 0.001，其余参数不变。仿真结果如图 4.38 所示。（图中各波形含义参见图 4.37。）

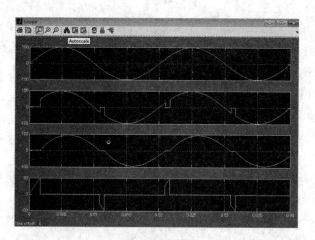

图 4.38　单相调压电路带阻感性负载仿真结果

4.7.3　单相调压电路 NMCL 实验台实验

一、实验目的

(1) 加深理解单相调压电路的工作原理。

(2) 加深理解单相交流调压器带阻感性负载时对移相范围的要求。

二、实验设备

(1) 教学实验台主控制屏。

(2) 触发电路和晶闸管主回路（NMCL-33）。

(3) 可调电阻箱（NMCL-03/4）。

(4) 锯齿波触发电路（NMCL-36B）。

(5) 双踪示波器。

(6) 万用表。

三、实验原理

本实验采用锯齿波移相触发器。该触发器适用于双向晶闸管或两只反并联晶闸管电路的交流相位控制，具有控制方式简单的优点。

晶闸管交流调压器的主电路由两只反向晶闸管组成，如图 4.39 所示。

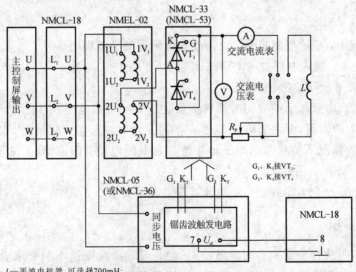

L—平波电抗器，可选择700mH；
R_P—负载电阻，或为NMCL-03/4的900Ω瓷盘电阻并联，或自配1.9kΩ、0.65A双联滑线变阻器

图 4.39　单相调压电路接线图

四、实验内容

1. 单相交流调压器带电阻性负载

(1) 将 NMCL-33 上的两只晶闸管 VT_1、VT_4 反并联而组成交流调压器，将触发器的

输出脉冲端 G_1、K_1 与 G_3、K_3 分别接至主电路相应 VT_1 和 VT_4 的门极和阴极。

（2）接上电阻性负载（可采用两只 900 Ω 电阻并联），并调节电阻性负载至最大。

（3）NMCL-31 的给定电位器 R_{P1} 逆时针调到底，使 $U_{ct}=0$。调节锯齿波同步移相触发电路偏移电压电位器 R_{P2}，使 $\alpha=150°$。

（4）合上主电源，用示波器观察负载电压 $u=f(t)$、晶闸管两端电压 $u_{VT}=f(t)$ 的波形，调节 U_{ct}，观察不同 α 角时各波形的变化，并分别记录 $\alpha=60°$、$90°$、$120°$时的波形。

2. 单相交流调压器带阻感性负载

（1）在做相关带阻感性负载实验时需调节负载阻抗角的大小，因此须知道电抗器的内阻和电感量。可采用直流伏安法来测量电抗器的内阻，表达式为

$$R_L=\frac{U_L}{I}$$

电抗器的电感量可用交流伏安法测量，由于电流大时对电抗器的电感量影响较大，因此可采用自耦调压器调压多测几次取其平均值，从而得到交流阻抗，表达式为

$$Z_L=\frac{U_L}{I}$$

电抗器的电感量为

$$L_L=\frac{\sqrt{Z_L^2-R_L^2}}{2\pi f}$$

这样即可求得负载阻抗角为

$$\varphi=\arctan\frac{\omega L_1}{R_d+R_L}$$

在实验过程中，欲改变阻抗角，只需改变电阻器的数值即可。

（2）断开电源，接入电感（$L=700$ mH）。

调节 U_{ct}，使 $\alpha=45°$。

合上主电源，用双踪示波器同时观察负载电压 u 和负载电流 i 的波形。

调节电阻 R 的数值（由大至小），观察在不同 α 角时波形的变化情况。分别记录 $\alpha>\varphi$、$\alpha=\varphi$、$\alpha<\varphi$ 三种情况下负载两端电压 u 和流过负载的电流 i 的波形。（说明，也可使阻抗角 φ 为一定值，调节 α 观察波形。）

注：调节电阻 R 时，需观察负载电流，其值不可大于 0.8 A。

五、注意事项

在做相关带阻感性负载实验时，当 $\alpha<\varphi$ 时，若脉冲宽度达不到要求会使负载电流出现直流分量，损坏元件。为此主电路可通过变压器降压供电，这样既可看到电流波形不对称现象，又不会损坏设备。

六、实验报告

（1）整理实验中记录下的各类波形。

（2）分析调压器带阻感性负载时，α 角与 φ 角相应关系的变化对调压器工作的影响。

（3）分析实验中出现的问题。

4.8　三相调压电路实验

4.8.1　电路工作原理

本实验三相调压电路采用三对反并联晶闸管连接成的三相三线交流调压电路，其原理图如图 4.40 所示。

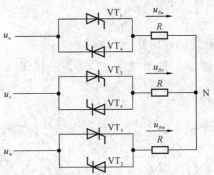

图 4.40　三相调压电路原理图

一、对触发脉冲电路的要求

（1）三相正（或负）触发脉冲依次间隔 120°，而每一相正、负触发脉冲间隔为 180°。

（2）为了保证电路起始工作时两相能同时导通，以及在电感性负载和控制角较大时，仍能保持两相同时导通，与三相全控整流桥一样，要求采用双窄脉冲或宽脉冲（大于 60°）触发。

（3）为了保证输出电压对称、可调，应保持触发脉冲与电源电压同步。

当控制角 $\alpha = 30°$ 时，各相电压过零 30°后触发相应晶闸管。以 U 相为例，u_u 过零变正 30°后发出 VT_1 的触发脉冲 u_{g1}，u_u 过零变负 30°后发出 VT_4 的触发脉冲 u_{g2}，其电压波形图如图 4.41 所示。

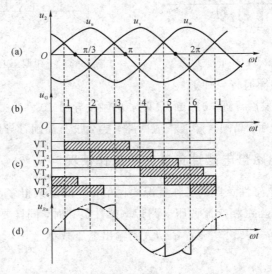

图 4.41　三相调压电路 $\alpha = 30°$ 的波形图

归纳 $\alpha = 30°$ 时的导通特点如下：

① 每管持续导通 150°；

② 有的区间由两个晶闸管同时导通构成两相流通回路，也有的区间三个晶闸管同时导通构成三相流通回路。

当控制角为 $\alpha = 60°$ 时，$\alpha = 60°$ 情况下的具体分析与 $\alpha = 30°$ 的相似。这里给出 $\alpha = 60°$ 时的脉冲分配图、导通区间和 U 相负载电压波形，如图 4.42 所示。

归纳 $\alpha = 60°$ 时的导通特点如下：

① 每个晶闸管导通 120°；

② 每个区间由两个晶闸管构成回路。

当触发角 $\alpha = 120°$ 时，触发脉冲脉宽大于 60°，三相调压电路电压波形图如图 4.43 所示。

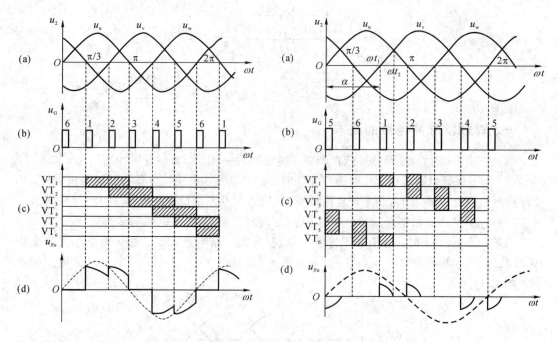

图 4.42　三相调压电路 $\alpha = 60°$ 的波形图　　　　图 4.43　三相调压电路 $\alpha = 120°$ 的波形图

归纳 $\alpha = 120°$ 时的导通特点如下：

① 每个晶闸管触发后导通 30°、断开 30°，再触发导通 30°；

② 各区间要么由两个晶闸管导通构成回路，要么没有晶闸管导通。

二、三相调压电路带电感性负载时的工作情况

三相调压电路带电感性负载的工作情况要比单相电路复杂得多，很难用数学表达式进行描述。从实验可知，当三相交流调压电路带电感性负载时，同样要求触发脉冲为宽脉冲，而脉冲移相范围为 $0 \leqslant \alpha \leqslant 150°$。随着 α 增大则输出电压减小。

4.8.2 三相调压电路 MATLAB/Simulink 仿真实验

一、实验目的

(1) 加深理解三相交流调压电路的工作原理。

(2) 掌握三相交流调压电路的 MATLAB/Simulink 的仿真建模方法，学会设置模块参数。

二、实验设备

(1) PC。

(2) MATLAB 7.1.0 仿真软件。

三、实验内容

三相交流调压电路仿真模型如图 4.44 所示。

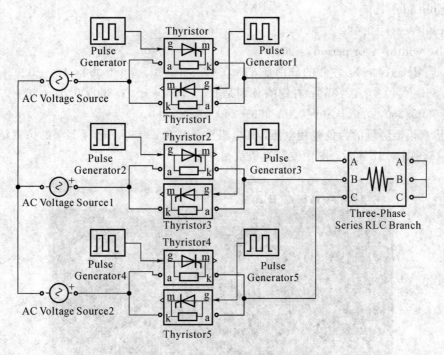

图 4.44 三相交流调压电路仿真模型

仿真模型中各模块参数设置如下：

(1) 交流电压源(AC Voltage Source)参数：

peak amplitude(V)：100。

Phase(deg)：0(其余两个分别设为 -120 和 120)。

Frequency(Hz)：50。

Sample time：0。

Measurements：Voltage。

(2) 晶闸管(Thyristor)参数：

Resistance Ron(Ohms)：0.001。

Inductance Lon(H)：0。

Forward voltage Vf(V)：0.8。

Initial current Ic(A)：0。

Snubber resistance Rs(Ohms)：500。

Snubber capacitance Cs(F)：250e－9。

Show measurement port：选中。

(3) 串联 RLC 支路(Series RLC Branch)参数：

Resistance(Ohms)：1。

Inductance(H)：0。

capacitance(F)：inf。

Measurements：Branch Voltage and current。

(4) 脉冲发生器(Pulse Generator)参数：

Amplitude：1。

Period(secs)：0.02。

Pulse width(% of period)：50。

Phase delay(secs)：左侧的分别是 30 * 0.02/360，30 * 0.02/360＋120 * 0.02/360，30 * 0.02/360＋240 * 0.02/360；右侧的分别是 0.01＋30 * 0.02/360，0.01＋30 * 0.02/360 ＋120 * 0.02/360，0.01＋30 * 0.02/360＋240 * 0.02/360。

该仿真模型测量的为负载相电压，其电阻性负载在 $\alpha=30°$、$60°$、$120°$ 的仿真结果分别如图 4.45～图 4.47 所示，图中波形为负载相电压。

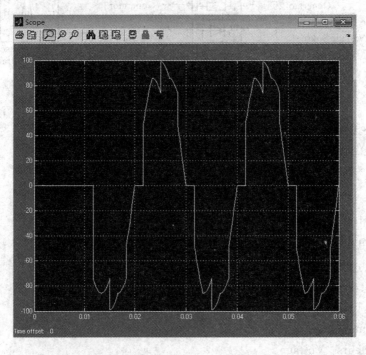

图 4.45　三相交流调压电路 $\alpha=30°$ 的仿真结果

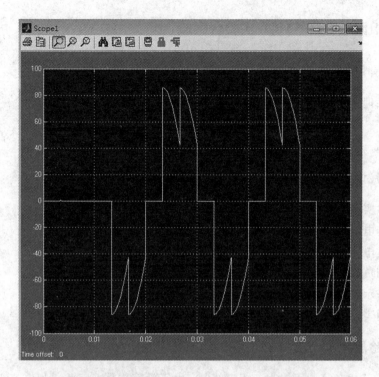

图 4.46　三相交流调压电路 $\alpha = 60°$ 的仿真结果

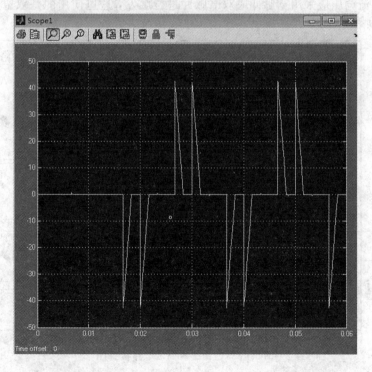

图 4.47　三相交流调压电路 $\alpha = 120°$ 的仿真结果

4.8.3　三相调压电路 NMCL 实验台实验

一、实验目的

（1）加深理解三相交流调压电路的工作原理。

（2）了解三相交流调压电路的工作情况。

（3）了解三相交流调压电路触发电路原理。

二、实验设备

（1）教学实验台主控制屏。

（2）可调电阻箱（NMCL－03/4）。

（3）触发电路和晶闸管主回路（NMCL－33）。

（4）可调负载。

（5）双踪示波器。

（6）万用表。

三、实验原理

本实验的三相交流调压器为三相三线制，由于没有中线，因此每相电流必须同另一相构成回路。交流调压应采用宽脉冲或双窄脉冲进行触发，这里使用的是双窄脉冲。实验线路如图 4.48 所示。

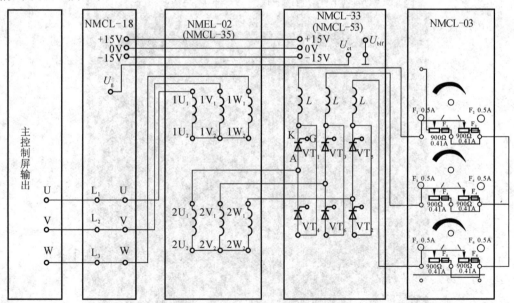

图 4.48　三相交流调压电路接线图

四、实验内容

（1）未加上主电源之前，检查晶闸管的脉冲是否正常。

① 打开主控制屏电源开关,给定电压有电压显示。

② 用示波器观察双脉冲观察孔。

③ 检查相序,用示波器观察"1""2"脉冲观察孔,若"1"脉冲超前"2"脉冲 $60°$,则相序正确;否则,应调整输入电源。

④ 用示波器观察每只晶闸管的控制极和阴极,应有幅度为 $1\ V \sim 2\ V$ 的脉冲。

(2) 三相交流调压器带电阻性负载。

按图 4.48 构成调压主电路,晶闸管采用 $VT_1 \sim VT_6$,其触发脉冲已通过内部连线接好;脉冲放大及隔离的 U_{pc} 和地接线孔相连;脉冲触发信号输出至可控硅,接上三相电阻性负载(每相采用 NMCL - 03/4 上的电阻,R_1、R_2、R_3 均为 $600\ \Omega$)。

按照图 4.48 连接好线路,合上主控制屏电源使 U_{uv} 输出电压为 $220\ V$。用示波器观察并记录 $\alpha = 30°$、$90°$、$120°$、$150°$时的输出电压波形,记录相应的输出电压有效值 U。

五、实验报告

(1) 整理记录下的波形,作不同负载时的 $U = f(\alpha)$ 的曲线。

(2) 分析实验中出现的问题。

4.9　直流斩波电路性能研究实验

4.9.1　电路工作原理

在斩波电路中,输入电压是固定不变的,通过调节开关的开通时间与关断时间(即调节占空比),即可控制输出电压的平均值。直流斩波器结构及输出电压波形如图 4.49 所示。

$$U_0 = U_D \frac{t_{on}}{t_{off} + t_{on}} = U_D \frac{t_{on}}{T} = \alpha U_D$$

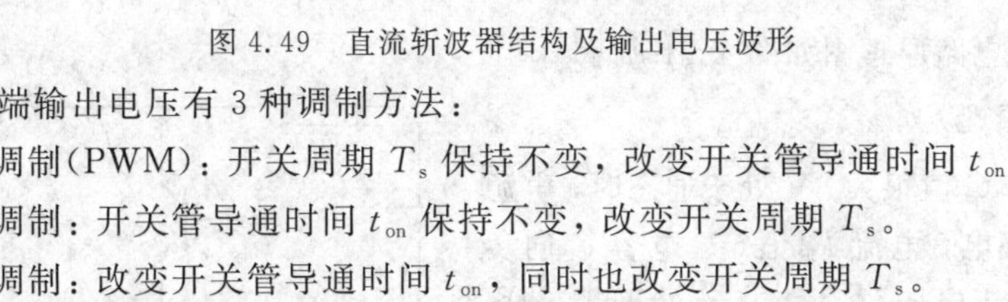

图 4.49　直流斩波器结构及输出电压波形

改变负载端输出电压有 3 种调制方法:

(1) 脉宽调制(PWM):开关周期 T_s 保持不变,改变开关管导通时间 t_{on}。

(2) 脉频调制:开关管导通时间 t_{on} 保持不变,改变开关周期 T_s。

(3) 混合调制:改变开关管导通时间 t_{on},同时也改变开关周期 T_s。

直流-直流变换器有两种不同的工作模式:① 电感电流连续模式;② 电感电流断续模式。在不同的情况下,变换器可能工作在不同的模式。因此,在设计变换器及其控制器参数时,应该考虑这两种工作模式的特性。

一、降压斩波电路

降压斩波电路原理图如图 4.50 所示。

1. 工作原理

(1) $t=0$ 时刻驱动 V 导通，电源 E 向负载供电，负载电压 $u_0=E$，负载电流 i_0 按指数曲线上升。

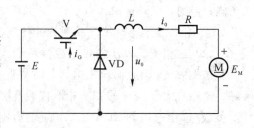

(2) $t=t_1$ 时控制 V 关断，二极管 VD 续流，负载电压 u_0 近似为零，负载电流呈指数曲线下降。

图 4.50　降压斩波电路原理图

通常，串接较大电感 L 使负载电流连续且脉动小。

2. 数量关系

(1) 负载电流连续时，负载电压平均值为

$$U_0 = \frac{t_{\text{on}}}{t_{\text{on}} + t_{\text{off}}} E = \frac{t_{\text{on}}}{T} E = \alpha E$$

式中，t_{on} 为 V 导通的时间；t_{off} 为 V 断开的时间；α 为导通占空比。

负载电流平均值为

$$I_0 = \frac{U_0 - E_{\text{M}}}{R}$$

(2) 负载电流断续时，输出电压平均值为

$$U_0 = \frac{t_{\text{on}} E + (T - t_{\text{on}} - t_{\text{x}}) E_{\text{M}}}{T} = \alpha E + \frac{T - t_{\text{on}} - t_{\text{x}}}{T} E_{\text{M}}$$

式中，t_{x} 为电感电流下降时间。

负载电流平均值为

$$I_0 = \frac{U_0 - E_{\text{M}}}{R} = \frac{\left(\alpha E - \dfrac{t_{\text{on}} - t_{\text{x}}}{T} E_{\text{M}} \right)}{R}$$

同样地，可以从能量传递关系出发进行的推导：由于 L 为无穷大，故负载电流维持为 I_0 不变。若一周期中忽略损耗，则电源提供的能量与负载消耗的能量相等。

二、升压斩波电路

升压斩波电路原理图如图 4.51 所示。

1. 工作原理

假设 L 和 C 值很大。V 处于通态时，电源 E 向电感 L 充电，电流 I_1 恒定，电容 C 向负载 R 供电，输出电压 U_0 恒定。V 处于断态时，电源 E 和电感 L 同时向电容 C 充电，并向负载提供能量。

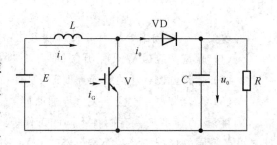

图 4.51　升压斩波电路原理图

2. 数量关系

设 V 通态的时间为 t_{on}，此阶段 L 上积蓄的能量为 $EI_1 t_{on}$；V 断态的时间为 t_{off}，则此期间电感 L 释放的能量为 $(U_0 - E)I_1 t_{off}$。

稳态时，一个周期 T 中 L 积蓄能量与释放能量相等：

$$EI_1 t_{on} = (U_0 - E)I_1 t_{off}$$

化简得

$$U_0 = \frac{t_{on} + t_{off}}{t_{off}} E = \frac{T}{t_{off}} E$$

如果忽略电路中的损耗，则由电源提供的能量仅由负载 R 消耗，即 $EI_1 = U_0 I_0$。输出电流的平均值为

$$I_0 = \frac{U_0}{R} = \frac{1}{\beta}\frac{E}{R}$$

电源电流的平均值为

$$I_1 = \frac{U_0}{E} I_0 = \frac{1}{\beta^2}\frac{E}{R}$$

三、升降压斩波电路

升降压斩波电路原理图如图 4.52 所示。

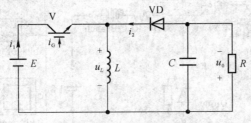

图 4.52　升降压斩波电路原理图

1. 工作原理

（1）V 导通时，电源 E 经 V 向 L 供电使其存储能量，此时电流为 i_1。同时，C 维持输出电压恒定并向负载 R 供电。

（2）V 断开时，L 的能量向负载释放，电流为 i_2。负载电压极性为上负下正，与电源电压极性相反，该电路也称为反极性斩波电路。

2. 数量关系

在图中 4.52 中，稳态时，因为一个周期 T 内电感 L 两端电压 u_L 对时间的积分为零，所以输出电压为

$$U_0 = \frac{t_{on}}{t_{off}} E = \frac{t_{on}}{T - t_{on}} E = \frac{\alpha}{1 - \alpha} E$$

式中，当 $0 < \alpha < 1/2$ 时为降压，当 $1/2 < \alpha < 1$ 时为升压，该电路故称为升降压斩波电路。

设电源电流 i_1 和负载电流 i_2 的平均值分别为 I_1 和 I_2，当电流脉动足够小时，有

$$\frac{I_1}{I_2} = \frac{t_{on}}{t_{off}}, \quad I_2 = \frac{t_{off}}{t_{on}} I_1 = \frac{1 - \alpha}{\alpha} I_1$$

4.9.2　直流斩波电路 MATLAB/Simulink 仿真实验

一、实验目的

(1) 加深理解直流斩波电路的工作原理。
(2) 掌握直流斩波电路的 MATLAB/Simulink 的仿真建模方法，学会设置模块参数。

二、实验设备

(1) PC。
(2) MATLAB 7.1.0 仿真软件。

三、实验内容

1. 降压斩波器

降压斩波器仿真模型如图 4.53 所示。

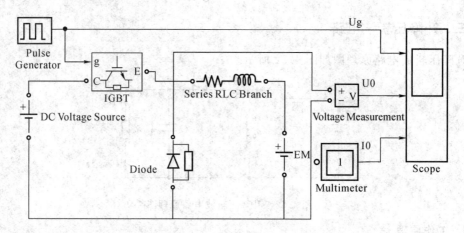

图 4.53　降压斩波器仿真模型

仿真模型中各模块参数设置如下：

(1) 直流电源(DC Voltage Source)参数：

Amplitude(V)：100。

(2) IGBT 参数：

Resistance Ron(Ohms)：0.001。

Inductance Lon(H)：1e-6。

Forward voltage Vf(V)：1。

Current 10% fall time Tf(s)：1e-6。

Current tail time Tt(s)：2e-6。

Initial current Ic(A)：0。

Snubber resistance Rs(Ohms)：1e5。

Snubber capacitance Cs(F)：inf。

Show measurement port：选中。

（3）二极管(Diode)参数：

Resistance Ron(Ohms)：0.001。

Inductance Lon(H)：0。

Forward voltage Vf(V)：0.8。

Initial current Ic(A)：0。

Snubber resistance Rs(Ohms)：500。

Snubber capacitance Cs(F)：250e－9。

（4）串联 RLC 支路(Series RLC Branch)参数：

Resistance(Ohms)：1。

Inductance(H)：0.5。

capacitance(F)：inf。

Measurements：Branch current。

（5）脉冲发生器(Pulse Generator)参数：

Amplitude：1。

Period(secs)：2。

Pulse width(% of period)：80。

Phase delay(secs)：0。

（6）用直流电源 E_M 表示直流电动机反电动势参数：

Amplitude(V)：30。

仿真模型中的波形依次是脉冲电压"Ug"、负载电压"U0"、负载电流"I0"，降压斩波器电流连续时的仿真结果如图 4.54 所示。

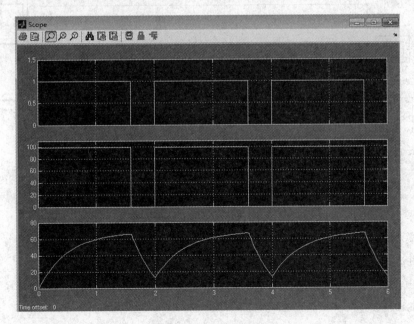

图 4.54　降压斩波器电流连续时的仿真结果

降压斩波器电流断续时的仿真结果如图 4.55 所示(图中波形含义参见图 4.54),仿真模型不变,其参数设置只需将脉冲发生器的 Pulse width 参数设为 40,其他参数不变。

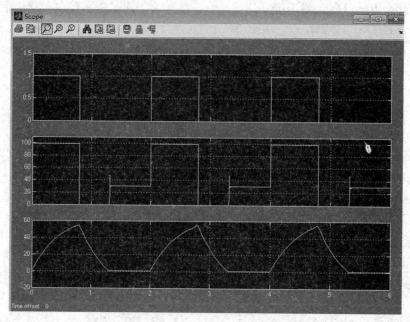

图 4.55　降压斩波器电流断续时的仿真结果

2. 升压斩波器

升压斩波器仿真模型如图 4.56 所示。

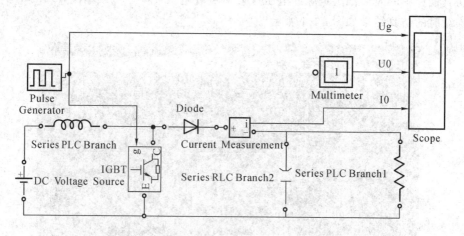

图 4.56　升压斩波器仿真模型

仿真模型中各模块参数设置如下:

(1) 直流电源(DC Voltage Source)参数:

Amplitude(V):100。

(2) IGBT 参数:

Resistance Ron(Ohms):0.001。

Inductance Lon(H)：1e-6。

Forward voltage Vf(V)：1。

Current 10% fall time Tf(s)：1e-6。

Current tail time Tt(s)：2e-6。

Initial current Ic(A)：0。

Snubber resistance Rs(Ohms)：1e5。

Snubber capacitance Cs(F)：inf。

Show measurement port：选中。

(3) 二极管(Diode)参数：

Resistance Ron(Ohms)：0.001。

Inductance Lon(H)：0。

Forward voltage Vf(V)：0.8。

Initial current Ic(A)：0。

Snubber resistance Rs(Ohms)：inf。

Snubber capacitance Cs(F)：inf。

(4) 串联 *RLC* 支路(Series RLC Branch)参数：

Resistance(Ohms)：0。

Inductance(H)：0.8。

capacitance(F)：inf。

Measurements：Branch current。

(5) 串联 *RLC* 支路(Series RLC Branch1)参数：

Resistance(Ohms)：1。

Inductance(H)：0。

capacitance(F)：inf。

Measurements：Branch voltage and current。

(6) 串联 *RLC* 支路(Series RLC Branch2)参数：

Resistance(Ohms)：0。

Inductance(H)：0。

capacitance(F)：1e-3。

Measurements：Branch current。

(7) 脉冲发生器(Pulse Generator)参数：

Amplitude：1。

Period(secs)：2。

Pulse width(% of period)：50。

Phase delay(secs)：1。

　　仿真模型中的波形依次是脉冲电压"Ug"、负载电压"U0"、负载电流"I0",升压斩波器电流连续时的仿真结果如图 4.57 所示。

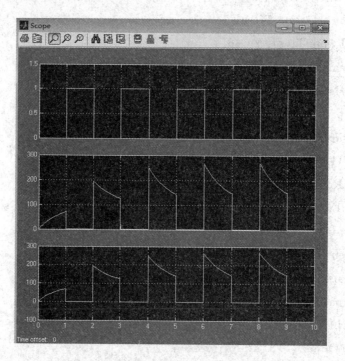

图 4.57　升压斩波器电流连续时的仿真结果

3. 升降压斩波器

升降压斩波器仿真模型如图 4.58 所示。

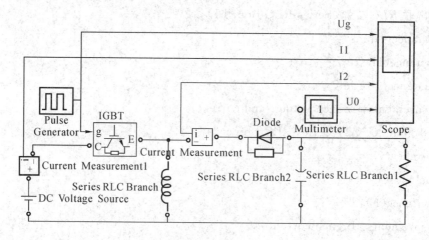

图 4.58　升降压斩波器仿真模型

仿真模型中各模块参数设置如下:

(1) 直流电源(DC Voltage Source)参数:

Amplitude(V):10。

(2) IGBT 参数:

Resistance Ron(Ohms)：0.001。

Inductance Lon(H)：1e－6。

Forward voltage Vf(V)：1。

Current 10% fall time Tf(s)：1e－6。

Current tail time Tt(s)：2e－6。

Initial current Ic(A)：0。

Snubber resistance Rs(Ohms)：1e5。

Snubber capacitance Cs(F)：inf。

Show measurement port：选中。

(3) 二极管(Diode)参数：

Resistance Ron(Ohms)：0.001。

Inductance Lon(H)：0。

Forward voltage Vf(V)：0.8。

Initial current Ic(A)：0。

Snubber resistance Rs(Ohms)：500。

Snubber capacitance Cs(F)：250e－9。

(4) 串联 RLC 支路(Series RLC Branch)参数：

Resistance(Ohms)：0。

Inductance(H)：5e－3。

capacitance(F)：inf。

(5) 串联 RLC 支路(Series RLC Branch1)参数：

Resistance(Ohms)：0。

Inductance(H)：0。

capacitance(F)：1e－4。

(6) 串联 RLC 支路(Series RLC Branch2)参数：

Resistance(Ohms)：1。

Inductance(H)：0。

capacitance(F)：inf。

Measurements：Branch voltage。

(7) 脉冲发生器(Pulse Generator)参数：

Amplitude：1。

Period(secs)：0.02。

Pulse width(% of period)：30。

Phase delay(secs)：0。

仿真模型中的波形依次是脉冲电压"Ug"、流过 IGBT 的电流"I1"、流过二极管的电流

"I2"、负载电压"U0"，升降压斩波器占空比为 30％、70％的仿真结果分别如图 4.59 和图 4.60 所示。

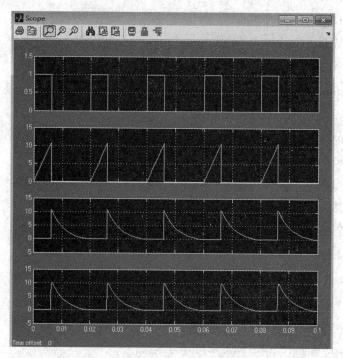

图 4.59　升降压斩波器占空比为 30％的仿真结果

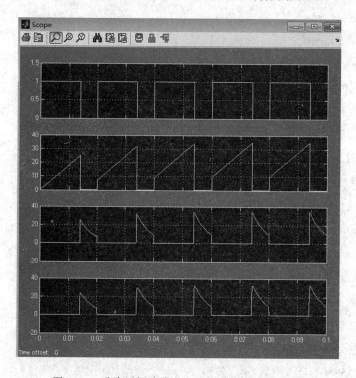

图 4.60　升降压斩波器占空比为 70％的仿真结果

4.9.3 直流斩波电路 NMCL 实验台实验

一、实验目的

（1）加深理解斩波器的工作原理。
（2）掌握斩波器的主电路、触发电路的调试步骤和方法。
（3）熟悉斩波器各点的波形。

二、实验设备

（1）教学实验台主控制屏。
（2）现代电力电子电路和直流脉宽调速（NMCL-22）。
（3）双踪示波器。
（4）万用表。

三、实验内容

按照面板上各种斩波器的电路图，取用相应的元件，搭成相应的直流斩波电路即可。直流斩波电路图如图 4.61 所示。

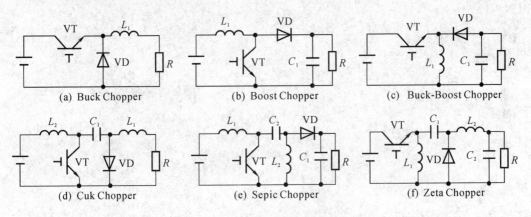

图 4.61 直流斩波电路图

（1）SG3525 性能测试。用示波器测量 PWM 波形发生器的"1"孔和地之间的波形。调节占空比调节旋钮，测量驱动波形的频率以及占空比的调节范围。

（2）PWM 性能测试。测量输出最大与最小占空比。

（3）Buck Chopper。实验步骤如下：

① 连接电路。将 PWM 波形发生器的输出端"1"端接到斩波电路中 IGBT 管 VT 的 G 端，将 PWM 的"地"端接到斩波电路中 VT 管的 E 端；再将斩波电路的（E、5、7）、（8、11）、（6、12）相连；最后将 15 V 直流电源 U_1 的正极与 VT 的 C 相连，负极和"6"相连。（按照图 4.61(a)所示接成 Buck Chopper 斩波器。）

② 观察负载电压波形。经检查电路无误后，闭合电源开关，用示波器观察 VD 两端"5""6"孔之间电压，调节 PWM 触发器的电位器 R_{P1}，即改变触发脉冲的占空比，观察负载电压的变化，并记录电压波形。

③ 观察负载电流波形。用示波器观察并记录负载电阻 R 两端的波形。

（4）Boost Chopper。按照图 4.61(b)接成 Boost Chopper 电路，电感和电容任选，负载电阻为 R。实验步骤同(3)。

（5）Buck-Boost Chopper。按照图 4.61(c)接成 Buck-Boost Chopper 电路，电感和电容任选，负载电阻为 R。实验步骤同(3)

（6）Cuk Chopper。按照图 4.61(d)接成 Cuk Chopper 电路，电感和电容任选，负载电阻 R。实验步骤同(3)。

（7）Sepic Chopper。按照图 4.61(e)接成 Sepic Chopper 电路，电感和电容任选，负载电阻为 R。实验步骤同(3)。

（8）Zeta Chopper。按照图 4.61(f)接成 Zeta Chopper 电路，电感和电容任选，负载电阻为 R。实验步骤同(3)

四、实验报告

记录实验波形，分析各种控制电路在不同的占空比驱动下的输出电压情况。

第 5 章　运动控制系统综合实验

5.1　晶闸管直流调速系统主要控制单元的调试实验

5.1.1　晶闸管直流调速系统主要控制单元工作原理简介

转速电流双闭环控制的直流调速系统是静态和动态性能优良、应用最广阔的直流调速系统。在其整个系统中采用了两个比例积分(PI)调节器：速度调节器(ASR)与电流调节器(ACR)。

比例积分调节器相对于积分控制与比例控制稳态精度高、动态响应快。比例积分调节器(简称 PI 调节器)是在集成运算放大器的反馈回路中串入电阻和电容构成的,其原理接线图如图 5.1 所示。

比例积分调节器的输入与输出关系为

$$U_{ex} = \frac{R_1}{R_0} U_{in} + \frac{1}{R_0 C_1} \int U_{in} dt = K_p U_{in} + \frac{1}{\tau} \int U_{in} dt$$

式中, $K_p = \dfrac{R_1}{R_0}$ 为 PI 调节器比例部分的放大系数; $\tau = R_0 C_1$ 。

当初始条件为零时,在阶跃输入作用下,PI 调节器的输出响应如图 5.2 所示。在输入信号加入的初始瞬间,由于电容的作用,输出电压跳变到 $K_p U_{in}$,使系统立即产生控制作用;随着电容的充电,输出电压 U_{ex} 开始按积分规律增大到稳态值。这时,电容两端电压等于输出电压 U_{ex} ,电阻 R_1 已不起作用,PI 调节器相当于一个积分(I)调节器。

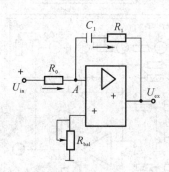

图 5.1　PI 调节器原理接线

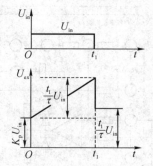

图 5.2　PI 调节器的输出响应

PI 调节器综合了比例和积分控制规律的优点,同时又克服了各自的缺点,使比例部分能快速响应输入信号,积分部分最终消除稳态误差,实现无静差调节。

5.1.2 晶闸管直流调速系统主要控制单元的调试 NMCL 实验台实验

一、实验目的

(1) 熟悉直流调速系统主要单元部件的工作原理及调速系统对其提出的要求。

(2) 掌握直流调速系统主要单元部件的调试步骤和方法。

二、实验设备

(1) 电源控制屏(MEL‑002T)。

(2) 调速系统控制单元(NMCL‑31A)。

(3) 直流调速控制单元(NMCL‑18)。

(4) 双踪示波器。

(5) 万用表。

三、实验内容

1. 转速调节器(ASR)的调试

按照图 5.3 所示调节器单元接线图接线,DZS(零速封锁器)的钮子开关扳向"解除"。

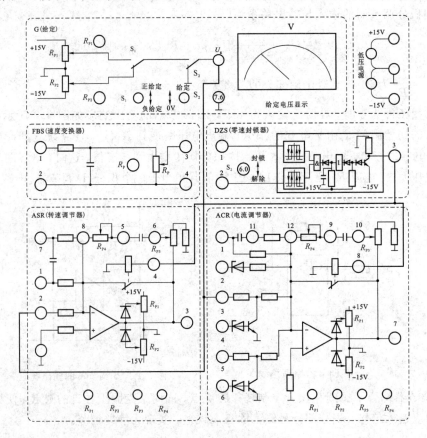

图 5.3 　调节器单元接线图

(1) 调整输出正、负限幅值。"5""6"端接可调电容，使 ASR 为 PI 调节器；加入一定的输入电压（由 NMCL - 31A"给定"提供，以下同）后，调整正、负限幅电位器 R_{P1}、R_{P2}，使输出正、负电压值等于±5 V。

(2) 测定输入-输出特性。将反馈网络中的电容短接（即"5""6"端短接），使 ASR 为 P 调节器；向该调节器输入端逐渐加入正、负电压，测出相应的输出电压，直至为输出限幅值，并画出曲线。

(3) 观察 PI 特性。拆除"5""6"端短接线，突加给定电压，用慢扫描示波器观察输出电压的变化规律；改变调节器的放大倍数及反馈电容，观察输出电压的变化。反馈电容由外接电容箱改变数值。

2. 电流调节器（ACR）的调试

按照图 5.3 所示调节器单元接线图接线。

(1) 调整输出正、负限幅值。"9""10"端接可调电容，使 ACR 为 PI 调节器；加入一定的输入电压后，调整正、负限幅电位器 R_{P1}、R_{P2}，使输出正、负电压最大值大于±6 V。

(2) 测定输入输出特性。将反馈网络中的电容短接（即 "9""10" 端短接），使 ACR 为 P 调节器；向该调节器输入端逐渐加入正、负电压，测出相应的输出电压，直至为输出限幅值，并画出曲线。

(3) 观察 PI 特性。拆除"9""10"端短接线，突加给定电压，用慢扫描示波器观察输出电压的变化规律；改变调节器的放大倍数及反馈电容，观察输出电压的变化。反馈电容由外接电容箱改变数值。

3. 电平检测器的调试

(1) 测定转矩极性鉴别器（DPT）的环宽，要求环宽为 0.4 V～0.6 V，记录高电平值；调节 R_P 使环宽对称于纵坐标。具体方法如下：

① 调节给定 U_g，使 DPT 的 "1" 脚得到约 0.3 V 电压；调节电位器 R_P，使 "2" 端输出从 "1" 变为 "0"。

② 调节负给定 U_g，且从 0 V 起调，当 DPT 的 "2" 端从 "0" 变为 "1" 时，检测 DPZ 的 "1" 端应为－0.3 V 左右；否则应调整电位器，使 "2" 端电平变化时，"1" 端电压大小基本相等。

(2) 测定零电流检测器（DPZ）的环宽，要求环宽也为 0.4 V～0.6 V，调节 R_P，使回环向纵坐标右侧偏离 0.1 V～0.2 V。具体方法如下：

① 调节给定 U_g，使 DPZ 的 "1" 端为 0.7 V 左右；调整电位器 R_P，使 "2" 端输出从 "1" 变为 "0"。

② 减小给定 U_g，当 "2" 端电压从 "0" 变为 "1" 时，"1" 端电压在 0.1 V～0.2 V 范围内；否则应继续调整电位器 R_P。

(3) 按测得数据，画出两个电平检测器的回环。

4. 反号器（AR）的调试

测定输入与输出比例，输入端加＋5 V 电压，调节 R_P，使输出端电压为－5 V。

5. 逻辑控制器(DLC)的调试

列出逻辑功能的真值表,如表 5.1 所示。

表 5.1　真 值 表

输入	U_M	1	1	0	0	0	1
	U_I	1	0	0	1	0	0
输出	$U_z(U_{blf})$	0	0	0	1	1	1
	$U_F(U_{blr})$	1	1	1	0	0	0

调试方法如下:

(1) 按照图 5.4 逻辑控制器(DLC)的调试接线图接线。

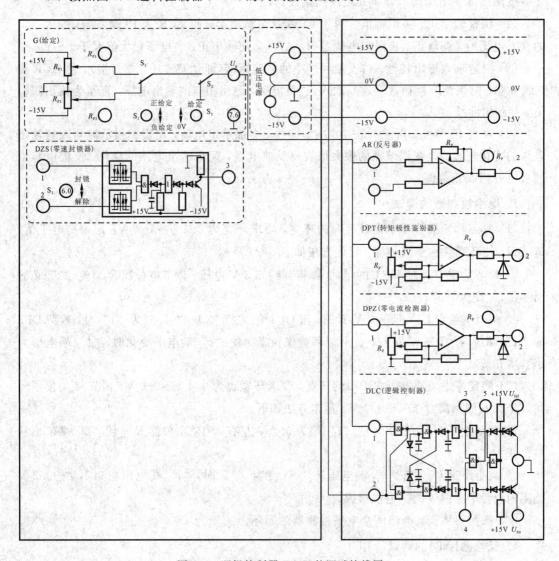

图 5.4　逻辑控制器(DLC)的调试接线图

（2）给定电压顺时针到底，U_g 输出约为 12 V。

（3）此时上下拨动 NMCL - 31A 中 G（给定）部分 S_2 开关，U_{blf}、U_{blr} 的输出应为高、低电平变化；同时，用示波器观察 DLC 的"5"应出现脉冲，用万用表测量，"3"与 U_{blf}、"4"与 U_{blr} 等点电位。

（4）把 +15 V 与 DLC 的"2"连线断开，DLC 的"2"接地，此时拨动开关 S_2，U_{blr}、U_{blf} 输出无变化。

四、实验报告

（1）画出直流调速系统各控制单元的调试连线图。

（2）简述直流调速系统各控制单元的调试要点。

5.2　单闭环不可逆直流调速系统实验

5.2.1　系统组成与工作原理

为了提高直流调速系统的动、静态性能指标，通常采用闭环控制系统（包括单闭环系统和多闭环系统）。对调速指标要求不高的场合，采用单闭环系统，而对调速指标要求较高的则采用多闭环系统。按反馈的方式不同可将其分为转速反馈、电流反馈和电压反馈等。在单闭环系统中，转速单闭环使用较多。

转速负反馈的闭环直流调速系统原理框图如图 5.5 所示。

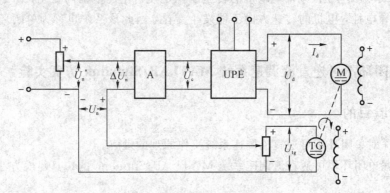

图 5.5　带转速负反馈的闭环直流调速系统原理框图

反映转速变化的电压信号作为反馈信号，经"转速变换"后接到比例放大器 A 的输入端（对于无静差系统使用比例积分放大器 PI），与"给定"的电压相比较经放大后，得到移相控制电压 U_c，用作控制整流桥的"触发电路"，触发脉冲经功放后加到晶闸管的门极和阴极之间，以改变"三相全控整流"的输出电压，这就构成了速度负反馈闭环系统。

下面分析闭环调速系统的稳态特性，以确定它如何能够减少转速降落。为了解决主要问题，先作如下的假定：

（1）忽略各种非线性因素，系统中各环节输入与输出的关系都是线性的，或者只取其线性工作段。

（2）忽略控制电源和电位器的内阻。这样，可以得到闭环调速系统的静特性方程式为

$$n = \frac{K_p K_s U_n^* - I_d R}{C_e(1 + K_p K_s \alpha / C_e)} = \frac{K_p K_s U_n^*}{C_e(1 + K)} - \frac{R I_d}{C_e(1 + K)}$$

式中，K 为闭环系统的开环放大系数。

闭环系统静特性和开环系统机械特性的关系如图 5.6 所示，从图中可以看出，比例控制的直流调速系统可以获得比开环调速系统"硬"得多的稳态特性，从而在保证一定静差率的要求下，能够提高调速范围。

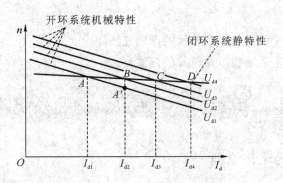

图 5.6　闭环系统静特性和开环系统机械特性的关系

但是，电机的转速随给定电压变化，电机最高转速由速度调节器的输出限幅所决定，速度调节器采用 P（比例）调节对阶跃输入有稳态误差，要想消除上述误差，则需将调节器换成 PI（比例积分）调节。这时当给定电压恒定时，闭环系统对速度变化起到了抑制作用，当电机负载或电源电压波动时，电机的转速能稳定在一定的范围内变化，由于晶闸管整流电路的单相导电性，电机的转速方向不能发生变化，因此该系统也称为单闭环不可逆直流调速系统。

5.2.2　单闭环不可逆直流调速系统 MATLAB/Simulink 仿真实验

一、实验目的

（1）加深对单闭环不可逆直流调速系统工作原理的理解。

（2）掌握单闭环不可逆直流调速系统 MATLAB/Simulink 的仿真建模方法，会设置各模块的参数。

二、实验设备

（1）PC。

（2）MATLAB 7.1.0 仿真软件。

三、实验内容

1. 开环直流调速系统的仿真

开环直流调速系统的仿真模型如图 5.7 所示。

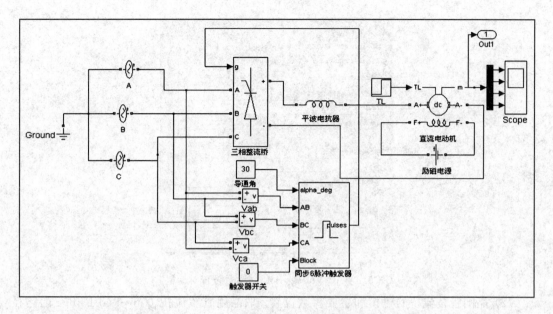

图 5.7　开环直流调速系统的仿真模型

仿真步骤如下：

打开 MATLAB 软件，在菜单栏上单击工具栏上的 Simulink 工具 🏃；选择"File"→
"New"→"Model"，新建一个 Simulink 文件，按照单闭环系统的构成，从 SimPowerSystem
和 Simulink 模块库中提取电路元器件模块。在模型库中提取所需的模块放到仿真窗口，设置
各模块参数，绘制电路的仿真模型。

1) 主电路的建模和参数设置

在开环直流调速中，主电路由三相对称交流电压源、晶闸管整流桥、平波电抗器、直
流电动机等组成。因为同步触发器与晶闸管是不可分割的两个环节，通常将其作为一个整
体来讨论，所以将触发器归到主电路进行建模。

（1）三相对称交流电压源建模和参数设置。首先从电源模块 AC Voltage Source（路径
为 SimPowerSystems/Electrical Sources/AC Voltage Source）提取交流电压源模块，再用
同样的方式得到三相电源的另两个电压源模块，并把这三个模块标签分别改为 A、B、C；
从路径 SimPowerSystems/Elements/Ground 取接地元件 Ground，按图 5.7 所示主电路图
进行连接。

三相对称交流电压源参数设置：双击三相交流电压源图标（这是打开模块参数设置对
话框的方法，后面不再赘述），打开电压源参数设置对话框，A 相交流电压源参数设置：峰
值电压取 220 V、初相位为 0°，频率为 50 Hz，其他默认值如图 5.8 所示。三相对称交流电
压源 B、C 相与 A 相基本相同，只是初相位设置成互差 120°。注意，B 相初始相位为 240°，
C 相初始相位为 120°，由此可得到三相对称交流电源。

图 5.8　AC Voltage Source 参数设置对话框

(2) 晶闸管整流桥的建模和主要参数设置。取晶闸管整流桥 Universal Bridge 的路径为 SimPowerSystems/Power Electronics/Universal Bridge。当采用三相整流桥时，桥臂数取 3，电力电子元件选择晶闸管，参数设置如图 5.9 所示。其他参数设置原则：如果针对某个具体交流调速系统进行仿真，那么对话框中应取该调速系统中晶闸管元件的实际值；如果不是针对某个具体调速系统的仿真，那么可以取默认值进行仿真。如果仿真结果不理想，就要适当地调整各模块参数。

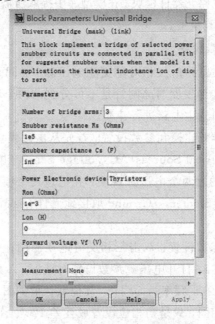

图 5.9　三相整流桥参数设置对话框

(3) 平波电抗器的建模和参数设置。提取电抗器元件 Series RLC Branch，路径为 SimPowerSystems/Elements/Series RLC Branch，由于无单个电感元件，因此通过参数设置成纯电感元件，其电抗值为 1e-3（即电抗值为 0.001 H），如图 5.10 所示。

图 5.10　三相整流桥参数设置对话框

（4）直流电动机的建模与参数设置。提取直流电动机模块 DC Machines 的路径为 SimPowerSystems/Machines/DC Machines。直流电动机的励磁绕组"F＋～F－"接直流恒定励磁电源 DC Voltage Source（路径为 SimPowerSystems/Electrical Sources/DC Voltage Source），电压参数设置为 220V。电枢绕组"A＋～A－"经平波电抗器接晶闸管整流桥的输出，直流电动机经 TL 端口接恒转矩负载。为了说明开环调速系统的性质，把负载转矩改为变量 Step，其提取路径为 Simulink/Sources/Step，参数设置如图 5.11 所示，开始时负载转矩为 50，在 2 s 后负载转矩变为 100。直流电动机的输出 m 口有 4 个合成信号，用模块 Demux（路径为 Simulink/Signal Routing/Demux）把这 4 个信号分开。双击此模块，把参数设置为 4，表明有 4 个输出，从上到下依次是角速度"ω"（rad/s）、电枢电流"Ia"（A）、励磁电流"If"（A）和电磁转矩"Te"（N•m）。仿真结果可以通过示波器模块显示，也可以通过 OUT 端口显示。

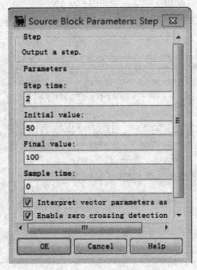

图 5.11　负载转矩参数设置

电动机参数设置：双击直流电动机图标，打开电动机的参数设置对话框，如图 5.12 所示，其参数设置原则与晶闸管整流桥相同。

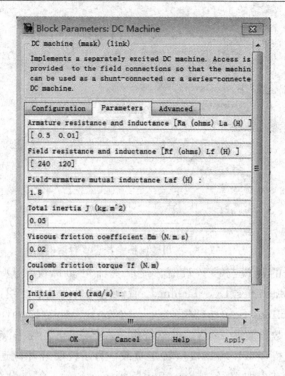

图 5.12　直流电动机参数设置

（5）同步脉冲触发器的建模和参数设置。同步 6 脉冲 Synchronized 6-Pulse Generator 提取路径为 SimPowerSystems/Extra Library/Control Blocks/Synchronized 6-Pulse Generator。它有 5 个端口，其中，与 alpha-deg 连接的端口为移相控制角。与 Block 连接的端口是触发器开关信号，当开关信号为 "0" 时，开放触发器；当开关信号为 "1" 时，封锁触发器，故取模块 Constant（提取路径为 Simulink/Sources/Constant）与 Block 端口连接，把参数改为 "0"，开放触发器，同步 6 脉冲触发器参数设置如图 5.13 所示。图中，把同步频率改为 50 Hz，双窄脉冲的脉冲宽度为 10 ms。

图 5.13　同步 6 脉冲触发器参数设置

由于同步 6 脉冲触发器需要用三相线电压同步，故取电压测量模块 Voltage Measurement（提取路径为 SimPowerSystems/Measurements/Voltage Measurement，标签分别改

为 Vab、Vbc、Vca），按照图 5.14 连接即可。

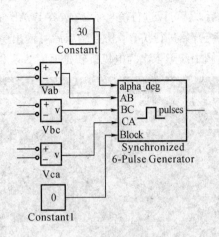

图 5.14　触发装置模块

2）控制电路的建模与仿真

开环调速系统控制电路只有一个环节，取模块 Constant，双击此模块图标，打开参数设置对话框进行参数设置，此处设置为 30，即触发角为 30°。

3）系统仿真参数设置

仿真参数设置窗口的参数设置如图 5.15 所示，仿真算法选 ode23tb。由于不同系统需要采用不同的仿真算法，因此采用哪一种算法，可以通过仿真实践进行比较选择。在调速系统仿真中，仿真算法多采用 ode23tb；仿真时间根据实际需要而定，一般只要仿真出完整的波形即可，本次仿真 Start 为 0、Stop 为 5 s。仿真结果通过示波器模块 Scope（提取路径为 Simulink/Sink/Scope）或 OUT 模块来显示。

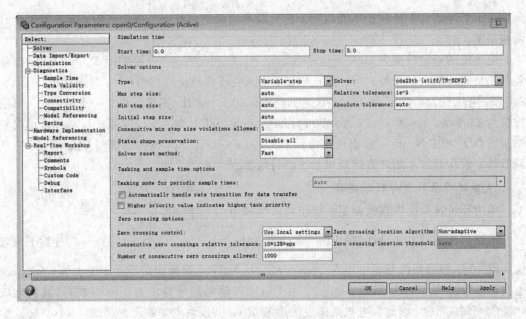

图 5.15　仿真参数设置窗口

4）系统的仿真和仿真结果分析

当建模和参数设置完成后，就可以进行仿真了。在 MATLAB 的模型窗口中打开 Simulation 菜单，单击 Start 命令后，系统开始进行仿真，仿真结束后可输出仿真结果。开环直流调速系统的仿真结果如图 5.16 所示，图中波形依次为电机旋转角速度"ω"和负载电流"Id"。

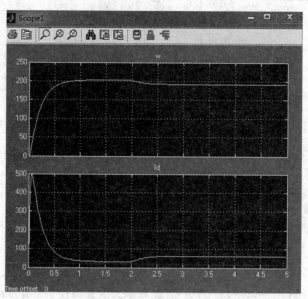

图 5.16　开环直流调速系统的仿真结果

从仿真结果可以看出，开始时转速很快上升，当在 2 s 负载由 50 变为 100 时，由于开环无法起调节作用，因此转速下降。这同前面理论分析的结果一致。

2. 单闭环不可逆直流调速系统的仿真

由于开环调速系统往往不能达到工艺上要求的调速系统稳态性能指标，因此常用闭环调速系统。

电动机的额定数据为 10 kW、220 V、55 A、1000 r/min，电枢电阻 $R_a=0.5$ Ω；晶闸管触发整流装置为三相桥式可控整流电路，整流变压器连接成星形（Y），二次线电压 $U_{21}=$ 230 V，电压放大系数 $K_s=44$，系统总回路电阻为 $R=1$ Ω；测速发电机是永磁式的，额定数据为 23.1 W、110 V、0.21 A、1900 r/min，直流稳压电源为 10 V，系统运动部分的飞轮惯量为 $GD^2=10$ N·m²，稳态性能指标 $D=10$，$s\leqslant5\%$，试对根据伯德图方法所设计的 PI 调节器参数构建的单闭环直流调速系统进行仿真。

1）系统参数计算与模型建立

单闭环转速负反馈直流调速系统仿真模型如图 5.17 所示。

根据伯德图的方法设计的 PI 调节器参数为 $K_p=0.559$，$K_i=\dfrac{1}{\tau}=11.364$，上、下限幅值为[10 0]。整流桥的导通电阻 $R_{on}=R-R_a=0.5$ Ω，电机额定负载为 101.1 N·m，平波电抗器参数为 0.017 H（回路总电感）。由于电动机输出信号是角速度 ω，故需将其转化成转速（$n=60\omega/2\pi$），因此在电机角速度输出端接 Gain 模块，参数设置为 30/3.14，转速反馈系数为 10/1000。

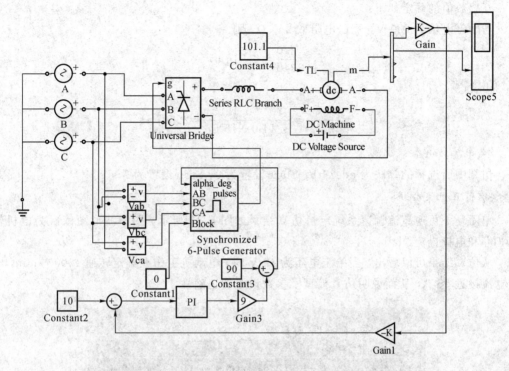

图 5.17　单闭环不可逆直流调速系统定量仿真模型

电动机本体模块参数中互感数值的设置是正确仿真的关键因素之一。实际电动机互感的参数与直流电动机的类型有关，也与励磁绕组和电枢绕组的绕组数有关，从 MATLAB中的直流电动机模块可以看出，其类型为他励直流电动机。为了使各种类型的直流电动机都能归结于 MATLAB 中直流电动机模块，其互感参数计算公式为

$$L_{\text{of}} = \frac{30C_{\text{e}}}{\pi I_{\text{f}}} \tag{5.1}$$

且

$$C_{\text{e}} = \frac{U_{\text{N}} - I_{\text{N}}R_{\text{a}}}{n_{\text{N}}} \tag{5.2}$$

$$I_{\text{f}} = \frac{U_{\text{f}}}{R_{\text{f}}} \tag{5.3}$$

其中，C_{e} 为电动机常数；U_{f}、R_{f} 分别为励磁电压和励磁电阻；U_{N}、R_{a}、I_{N}、n_{N}、I_{f} 分别为电动机的额定电压、电枢电阻、额定电流、额定转速和励磁电流。

在具体仿真时，首先根据电动机的基本数据，写入电动机本体模块中对应的参数，$R_{\text{a}} = 0.5\ \Omega$，$L_{\text{a}} = 0\ \text{H}$，$R_{\text{f}} = 240\ \Omega$，$L_{\text{f}} = 120\ \text{H}$。至于电动机本体模块的互感参数，则由电动机常数和励磁电流由式(5.2)得到。由于

$$C_{\text{e}} = \frac{U_{\text{N}} - I_{\text{N}}R_{\text{a}}}{n_{\text{N}}} = \frac{220 - 55 \times 0.5}{1000} = 0.1925$$

电动机本体模块参数中飞轮惯量用 J 表示，故将 GD^2 转换成 J，两者之间关系为

$$J = \frac{GD^2}{4g} = \frac{10}{4 \times 9.8} = 0.255$$

互感数值的确定如下：

若励磁电压为 220 V，励磁电阻取 240 Ω，则

$$I_f = \frac{220}{240} = 0.916\ 67\ \text{A}$$

由式(5.3)得

$$L_{af} = \frac{30\ C_e}{\pi\ I_f} = \frac{30}{3.14}\ \frac{0.1925}{0.916\ 67} = 2.007\ \text{H}$$

2）系统仿真参数设置

仿真中所选择的算法为 ode23tb，Start 设置为 0，Stop 设置为 5 s。

3）仿真结果分析

单闭环不可逆直流调速系统定量仿真结果如图 5.18 所示，图中波形图依次为电机转速"n"和电枢电流"Ia"。

从仿真结果可以看出，当给定电压为 12 V 时，电动机工作在额定转速 1000 r/min，电枢电流接近 55 A，从而说明仿真模型及参数设置的正确性。

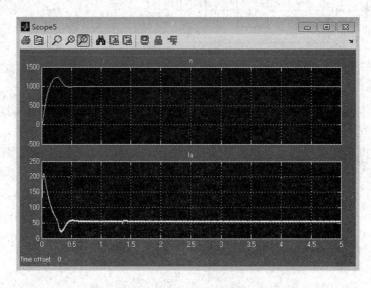

图 5.18　单闭环不可逆直流调速系统定量仿真结果

5.2.3　单闭环不可逆直流调速系统 NMCL 实验台实验

一、实验目的

（1）分析晶闸管直流电动机调速系统在反馈控制下的工作。

（2）分析直流调速系统中速度调节器（ASR）的工作及其对系统静特性的影响。

（3）学习反馈控制系统的调试技术。

二、实验设备

（1）电源控制屏（MEL-002T）。

(2) 触发电路和晶闸管主回路(NMCL‑33)。

(3) 转矩转速测量及控制(NMCL‑13A)。

(4) 直流调速控制单元(NMCL‑18)。

(5) 电机导轨及测速发电机(M04‑A)、直流复励发电机(M01‑A)。

(6) 直流并励电动机(M03‑A)。

(7) 双踪示波器。

(8) 万用表。

三、实验原理

对调速指标要求不高的场合,一般采用单闭环系统,图 5.19 所示是单闭环不可逆直流调速系统实验原理图。在本装置中,转速单闭环实验是将反映转速变化的电压信号作为反馈信号,经"转速变换"后接到"速度调节器"的输入端,与"给定"的电压相比较经放大后得到移相控制电压 U_{ct},用作控制整流桥的"触发电路"触发脉冲经功放后加到晶闸管的门极和阴极之间,以改变"三相全控整流"的输出电压,这就构成了速度负反馈闭环系统。电机的转速随给定电压变化,电机最高转速由速度调节器的输出限幅所决定,速度调节器采用 P(比例)调节对阶跃输入有稳态误差,要想消除上述误差,则需将调节器换成 PI(比例积分)调节。这时当"给定"恒定时,闭环系统对速度变化起到了抑制作用;当电机负载或电源电压波动时,电机的转速能稳定在一定的范围内变化。

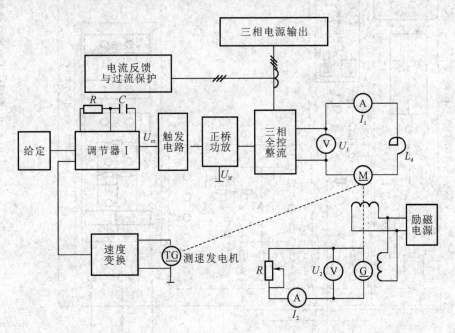

图 5.19　单闭环不可逆直流调速系统实验原理图

四、实验内容

按照图 5.20 所示单闭环不可逆直流调速系统接线图接线。

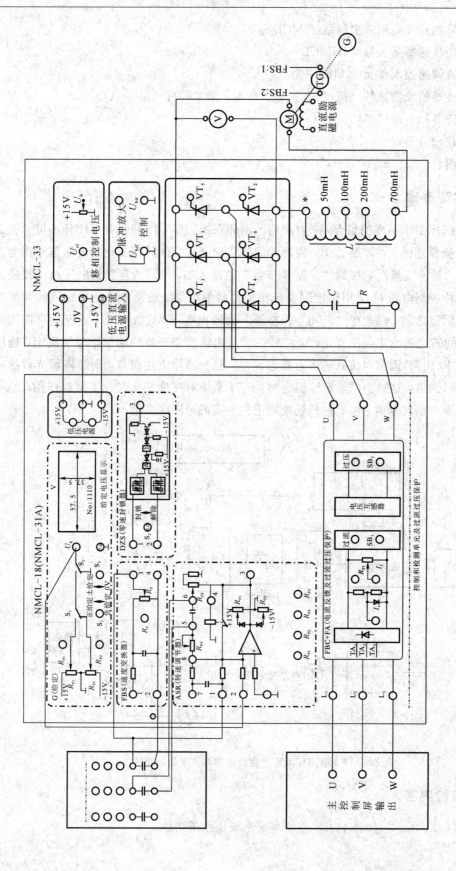

图 5.20 单闭环不可逆直流调速系统接线图

1. 移相触发电路的调试(主电路未通电)

(1) 用示波器观察 NMCL‐33 的双脉冲观察孔,应有双脉冲波形,且间隔均匀、幅值相同;观察每个晶闸管的控制极、阴极电压波形,应有幅值为 1 V～2 V 的双脉冲。

(2) 触发电路输出脉冲应在 30°～90°范围内可调,可通过对偏移电压调节单位器及 ASR 输出电压的调整实现。例如,使 ASR 输出为 0 V,调节偏移电压,实现 $\alpha = 90°$;再保持偏移电压不变,调节 ASR 的限幅电位器 R_{P1},使 $\alpha = 30°$。

2. 测取调速系统在无转速负反馈时的开环工作机械特性

(1) 断开 ASR 的"3"至 U_{ct} 的连接线,G(给定)直接加至 U_{ct},且 U_g 调至零,直流电机励磁电源开关闭合。

(2) 合上主控制屏的绿色按钮开关,调节三相调压器的输出,使 U_{uv}、U_{vw}、$U_{wu} = 200$ V。

(3) 调节给定电压 U_g,使直流电机空载转速 $n_0 = 1500$ r/min,调节测功机加载旋钮(或直流发电机负载电阻),在空载至额定负载的范围内测取 7～8 点,读取整流装置输出电压 U_d、输出电流 i_d 以及被测电动机转速 n 填入表 5.2 中。

表 5.2　实 验 数 据

序　号	1	2	3	4	5	6	7	8
i_d/A								
U_d/V								
$n/(r/min)$								

3. 测取带转速负反馈有静差工作的系统静特性

(1) 断开 G(给定)和 U_{ct} 的连接线,ASR 的输出接至 U_{ct},把 ASR 的"5""6"点短接。

(2) 合上主控制屏的绿色按钮开关,调节 U_{uv}、U_{vw}、U_{wu} 为 200 V。

(3) 调节给定电压 U_g 至 2 V,调整转速变换器 R_P 电位器,使被测电动机空载转速 $n_0 = 1500$ r/min,调节 ASR 的调节电容以及反馈电位器 R_{P3},使电机稳定运行。调节测功机加载旋钮(或直流发电机负载电阻),在空载至额定负载范围内测取 7～8 点,读取 U_d、i_d、n 填入表 5.3 中。

表 5.3　实 验 数 据

序　号	1	2	3	4	5	6	7	8
i_d/A								
U_d/V								
$n/(r/min)$								

4. 测取调速系统在带转速负反馈时的无静差闭环工作的静特性

(1) 断开 ASR 的"5""6"短接线,"5""6"端接电容器,其值可预置为 7 μF,使 ASR 成为 PI 调节器。

(2) 调节给定电压 U_g,使电机空载转速 $n_0 = 1500$ r/min。在额定至空载范围内测取

$7\sim 8$ 个点，读取 i_d、U_d、n 填入表 5.4 中。

表 5.4　实验数据

序　号	1	2	3	4	5	6	7	8
i_d/A								
U_d/V								
$n/(r/min)$								

五、注意事项

(1) 直流电动机工作前，必须先加上直流激磁。

(2) 接入 ASR 构成转速负反馈时，为了防止振荡，可预先把 ASR 的 R_{P3} 电位器逆时针旋到底，使调节器放大倍数最小；同时，ASR 的"5""6"端接入可调电容器（预置为 $7\mu F$）。

(3) 测取静特性时，须注意主电路电流不许超过电机的额定值（1 A）。

(4) 三相主电源连线时不可接错相序。

(5) 系统开环连接时，不允许突加给定信号 U_g 起动电机。

(6) 改变接线时，必须先按下主控制屏总电源开关的"断开"红色按钮，同时使系统的给定为零。

(7) 双踪示波器的两个探头地线通过示波器外壳短接，在使用时必须使两探头的地线同电位（只用一根地线即可），以免造成短路事故。

六、实验报告

绘制实验所得静特性，并进行分析和比较。

七、思考题

(1) 系统在开环、有静差闭环与无静差闭环工作时，速度调节器 ASR 各工作在什么状态？实验时应如何接线？

(2) 要得到相同的空载转速 n_0，亦即要得到整流装置相同的输出电压 U，对于有反馈与无反馈调速系统，哪种情况下给定电压要大些，为什么？

(3) 在有转速负反馈的调速系统中，为得到相同的空载转速 n_0，转速反馈的强度对 U_g 有什么影响？为什么？

(4) 如何确定转速反馈的极性，把转速反馈正确地接入系统中？又如何调节转速反馈的强度，在线路中调节什么元件能实现？

5.3　双闭环不可逆直流调速系统实验

5.3.1　系统组成与工作原理

许多生产机械，由于加工和运行的要求，使电动机经常处于起动、制动、反转的过渡过程中,因此起动和制动过程的时间在很大程度上决定了生产机械的生产效率。为缩短这一部分时间,仅采用 PI 调节器的转速负反馈单闭环调速系统还是不能令人满意的。双闭环直流调速系统采用速度调节器和电流调节器进行综合调节,可获得良好的静态和动态性能(两个调节器均采用 PI 调节器),由于调整系统的主要参量为转速,故将转速环作为主环放在外面,电流环作为副环放在里面,这样可以抑制电网电压扰动对转速的影响。双闭环调速系统的原理框图如图 5.21 所示,其中 UPE 采用三相全控桥式整流电路。

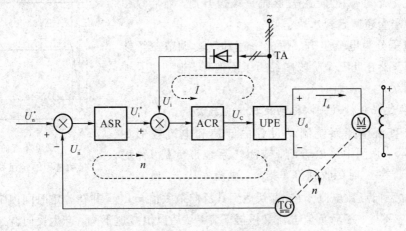

图 5.21　双闭环调速系统的原理框图

1. 双闭环系统静特性分析

转速调节器(ASR)的输出限幅电压决定了电流给定的最大值,电流调节器(ACR)的输出限幅电压限制了电力电子变换器的最大输出电压。

对于静特性来说,只有转速调节器饱和与不饱和两种情况,设计合理的电流调节器使其不进入饱和状态。这是因为当调节器饱和时,输出达到限幅值,输入量的变化不再影响输出,除非有反向的输入信号使调节器退出饱和。

当调节器不饱和时,PI 调节器工作在线性调节状态,其作用是使输入偏差电压在稳态时为零。双闭环调速系统静特性如图 5.22 所示,AB 段是两个调节器都不饱和时的静特性,$I_d < I_{dm}$,$n = n_0$;BC 段是 ASR 调节器饱和时的静特性,$I_d = I_{dm}$,$n < n_0$。

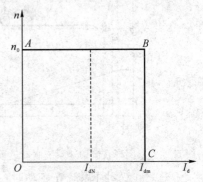

从图 5.22 中可以看出,双闭环系统采用两个 PI 调节器形成了内、外两个闭环的效果。当负载电流小于 I_{dm} 时,表现为转速无静差,转速负反馈起主要调节作用。当负载电流达到 I_{dm} 时,转速调节器为饱和输出 U_{im}^*,电流调节器起主要调节作用,系统表现为电

图 5.22　双闭环调速系统静特性

流无静差。采用两个 PI 调节器形成了内、外两个闭环的效果。

当 ASR 处于饱和状态时,$I_d = I_{dm}$;若负载电流减小,$I_d < I_{dm}$,使转速上升,$n > n_0$,$\Delta n < 0$,ASR 反向积分,使 ASR 退出饱和。

2. 双闭环系统动态过程分析

1）起动过程分析——以拖动反抗性负载为例

双闭环直流调速系统起动过程的转速和电流波形如图 5.23 所示。从图中可以看出，电流 I_d 从零增长到 I_{dm}，然后在一段时间内维持其值等于 I_{dm} 不变，以后又下降并经调节后到达稳态值 I_{dL}。转速波形先是缓慢升速，然后以恒加速上升，产生超调后到达给定值 n^*。

起动过程分为电流上升、恒流升速和转速调节三个阶段；转速调节器在此三个阶段中经历了不饱和、饱和以及退饱和三种情况。

2）制动过程分析——以拖动反抗性负载为例

双闭环直流调速系统制动过程的转速和电流波形如图 5.24 所示。从图中可以看出，双闭环系统带负载 I_{dL} 稳定运行时，若在 t_0 时刻收到停车指令，电流先从 I_{dL} 衰减到

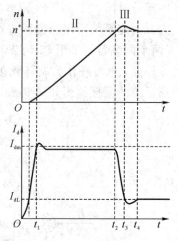

图 5.23　双闭环直流调速系统起动过程的转速和电流波形

0；然后建立反向点数电流 $-I_d$，直到达到其反向最大值 $-I_{dm}$，并在一定时间内维持其值近似等于 $-I_{dm}$ 不变；最后负值电流又慢慢下降，然后以恒减速下降，产生反向调速后经过调节到达给定值 0，即停转。时间最优的理想过渡过程如图 5.25 所示。

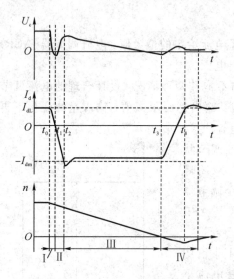

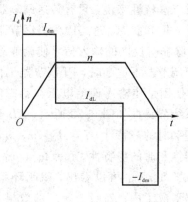

图 5.24　双闭环直流调速系统制动过程的转速和电流波形　　图 5.25　时间最优的理想过渡过程波

总之，双闭环系统在启动时，加入给定电压，速度调节器和电流调节器即以饱和限幅值输出，使电动机以限定的最大起动电流加速起动，直到电机转速达到给定转速（给定电压等于方差电压）；在出现超调后，速度调节器和电流调节器退出饱和，最后稳定在略低于给定转速值下运行。

系统工作时，要先给电动机加励磁，改变给定电压的大小即可方便地改变电动机的转速。速度调节器、电流调节器均设有限幅环节，速度调节器的输出作为电流调节器的给定（输入），利用速度调节器的输出限幅可达到限制起动电流的目的。电流调节器的输出作为

触发电路的控制电压，利用电流调节器的输出限幅可达到限制最大反馈系数的目的。

5.3.2　双闭环不可逆直流调速系统 MATLAB/Simulink 仿真实验

一、实验目的

（1）加深对双闭环不可逆直流调速系统工作原理的理解。
（2）掌握双闭环不可逆直流调速系统 MATLAB/Simulink 的仿真建模方法，会设置各模块的参数。

二、实验设备

（1）PC。
（2）MATLAB7.1.0 仿真软件。

三、实验内容

某晶闸管供电的双闭环直流调速系统，整流装置采用三相桥式电路，基本数据如下：直流电动机电压为 220 V、电流为 136 A、转速为 1460 r/min，$C_e=0.132$ V・min/r，允许过载倍数 $\lambda=1.5$；晶闸管装置放大系数 $K_s=40$，电枢回路总电阻 $R=0.5$ Ω；时间常数 $T_1=0.03$ s，$T_m=0.18$ s；电流反馈系数 $\beta=0.05$ V/A(≈10V/$1.5I_N$)；转速反馈系数 $\alpha=0.007$ V・min/r(≈10V/n_N)；电流滤波时间常数 $T_{oi}=0.002$ s，转速滤波时间常数 $T_{on}=0.01$ s。按照工程设计方法设计电流调节器（ACR）和转速调节器（ASR），要求电流超调量 $\sigma_i\leqslant5\%$，转速无静差，空载起动到额定转速时的转速超调量 $\sigma_n\leqslant10\%$。

双闭环直流调速系统仿真模型如图 5.26 所示。

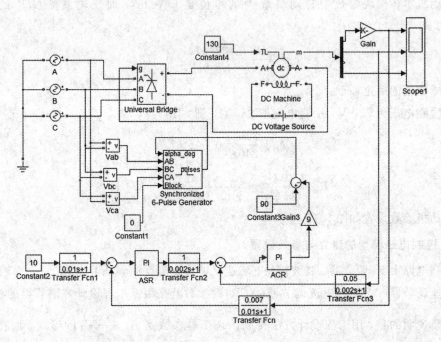

图 5.26　双闭环不可逆直流调速系统定量仿真模型

1. 主电路模型的建立与参数设置

主电路由直流电动机本体模块、三相对称电源、同步 6 脉冲触发器、负载等模块组成，同步 6 脉冲触发器的仿真模型同单闭环直流调速系统的相同。

电源 A、B、C 设置峰值电压为 220 V、频率为 50 Hz，相位分别为 0°、240°和 120°。整流桥内阻 $R_{on}=R-R_a=0.3\ \Omega$，电动机负载取 130，励磁电源为 220 V。由于电动机输出信号是角速度 ω，故需将其转化成转速 n（$n=60\omega/2\pi$），因此在电机角速度输出端接 Gain 模块，参数设置为 30/3.14。

根据公式

$$C_e=\frac{U_N-I_N R_a}{n_N}$$

可以得到 $R_a=0.2\ \Omega$。

根据公式

$$T_m=\frac{GD^2R}{375C_e C_m}=\frac{GD^2R}{375C_e\dfrac{30}{\pi}C_e}$$

可以得到 $GD^2=22.47\ \text{N·m}$。

根据公式

$$T_1=\frac{L}{R}$$

可以得到回路总电感 $L=0.015\ \text{H}$。

电动机本体模块参数中转动惯量 J 的单位是 kg·m²，而飞轮惯量 GD^2 的单位是 N·m²，两者之间关系为

$$J=\frac{GD^2}{4g}=\frac{22.47}{4\times9.8}=0.573$$

互感数值的确定如下：

若励磁电压为 220 V，励磁电阻取 240 Ω，则

$$I_f=\frac{220}{240}=0.916\ 67\ \text{A}$$

$$L_{af}=\frac{30}{\pi}\frac{C_e}{I_f}=\frac{30}{\pi}\frac{0.132}{0.916\ 67}=1.376\ \text{H}$$

电动机参数设置如图 5.27 所示。

2. 控制电路模型的建立与参数设置

控制电路由 PI 调节器、滤波模块、转速反馈和电流反馈等环节组成。

转速调节器（ASR）和电流调节器（ACR）的参数就是根据工程设计方法算得的参数。在这里需要说明的是，用工程设计方法得到的调节器参数是 $K_p\dfrac{\tau s+1}{\tau s}$ 的形式，而在仿真的调节器 Discrete PI Controller 模型中，比例系数是 K_p，积分系数是 K_i，所以要将其写成

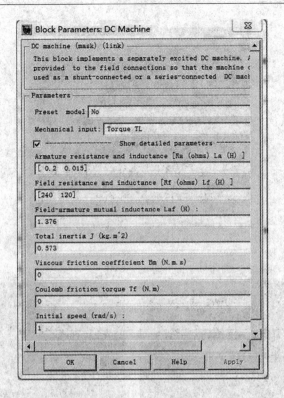

图 5.27　定量仿真的电动机参数设置

$K_p + \dfrac{K_p}{\tau}$ 的形式，对于 ASR：

$$K_p = 11.7, \quad K_i = \frac{K_p}{\tau_n} = \frac{11.7}{0.087} = 134$$

同样地，对于 ACR：

$$K_p = 1.013, \quad K_i = \frac{K_p}{\tau_i} = \frac{1.013}{0.03} = 33.77$$

以上两个调节器上、下限幅值均取为[10 0]。

带滤波环节的转速反馈系数模块路径为 Simulink/Continuous/Transfer Fcn，其参数设置是：Numerator 为[0.007]，Denominator 为[0.01 1]。带滤波环节的电流反馈系数的参数设置是：Numerator 为[0.05]，Denominator 为[0.002 1]。

转速延迟模块的参数设置是：Numerator 为[1]，Denominator 为[0.01 1]。电流延迟模块的参数设置是：Numerator 为[1]，Denominator 为[0.002 1]。

信号转换环节的模型也是由 Constant、Gain、Sum 等模块组成的，其原理和参数等已在单闭环调速系统中说明。同时，为了观察起动过程中转速调节器和电流调节器的输出情况，在转速调节器和电流调节器输出端接示波器。

仿真算法采用 ode23tb，开始时间为 0，结束时间为 2 s。

3. 仿真结果分析

当建模和参数设置完成后，即可开始进行仿真。双闭环不可逆直流调速系统仿真结果如图 5.28 所示。

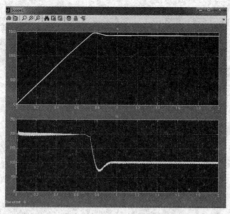

（a）转速和电流的波形

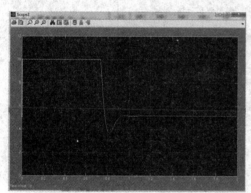

（b）转速调节器输出波形　　　　　　　　　　（c）电流调节器输出波形

图 5.28　双闭环不可逆直流调速系统仿真结果

　　从仿真结果可以看出，当给定信号为 10 V 时，在电机起动过程中，电流调节器作用下的电动机电枢电流接近最大值，使得电动机以最优时间准则开始上升；在约 0.7 s 时转速超调，电流很快下降，在 0.85 s 时达到稳态，在稳态时转速为 1460 r/min，整个变化曲线与实际情况非常类似。从调节器输出波形可以看出，在电动机整个起动阶段，转速调节器（ASR）经历了饱和、退饱和过程，而电流调节器（ACR）始终没有饱和。

5.3.3　双闭环不可逆直流调速系统 NMCL 实验台实验

一、实验目的

（1）了解双闭环不可逆直流调速系统的原理、组成及各主要单元部件的原理。

（2）熟悉电力电子及教学实验台主控制屏的结构及调试方法。

（3）熟悉 NMCL - 18、NMCL - 33 的结构及调试方法。

（4）掌握双闭环不可逆直流调速系统的调试步骤、方法及参数的整定。

二、实验设备

（1）电源控制屏（MEL - 002T）。

（2）触发电路和晶闸管主回路（NMCL-33）。

（3）转矩转速测量及控制（NMCL-13A）。

（4）直流调速控制单元（NMCL-18）。

（5）调速系统控制单元（NMCL-31A）。

（6）电机导轨及测速发电机或光电编码器（M04-A）、直流复励发电机（M01-A）。

（7）直流并励电动机（M03-A）。

（8）双踪示波器。

（9）万用表。

三、实验原理

双闭环晶闸管不可逆直流调速系统由电流和转速两个调节器综合调节，由于调速系统调节的主要量为转速，故转速环作为外环放在外面，而电流环作为内环放在里面，这样可抑制电网电压波动对转速的影响。实验系统原理图如 5.29 所示。

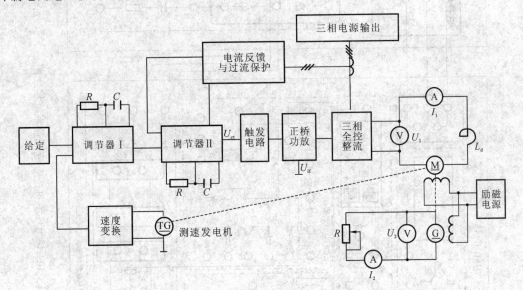

图 5.29　双闭环不可逆直流调速系统

系统工作时，先给电动机加励磁，改变给定电压的大小即可方便地改变电机的转速。ASR 和 ACR 均有限幅环节，ASR 的输出作为 ACR 的给定，利用 ASR 的输出限幅可达到限制起动电流的目的；ACR 的输出作为移相触发电路的控制电压，利用 ACR 的输出限幅可达到限制 $\alpha_{\min}$ 和 $\beta_{\min}$ 的目的。

当加入给定 U_g 后，ASR 即饱和输出，使电动机以限定的最大起动电流加速起动，直到电机转速达到给定转速（即 $U_g = U_{fn}$）；出现超调后，ASR 退出饱和，最后稳定运行在略低于给定转速的数值上。

四、实验内容

1. 接线

按图 5.30 接线，未上主电源之前，检查晶闸管的脉冲是否正常。

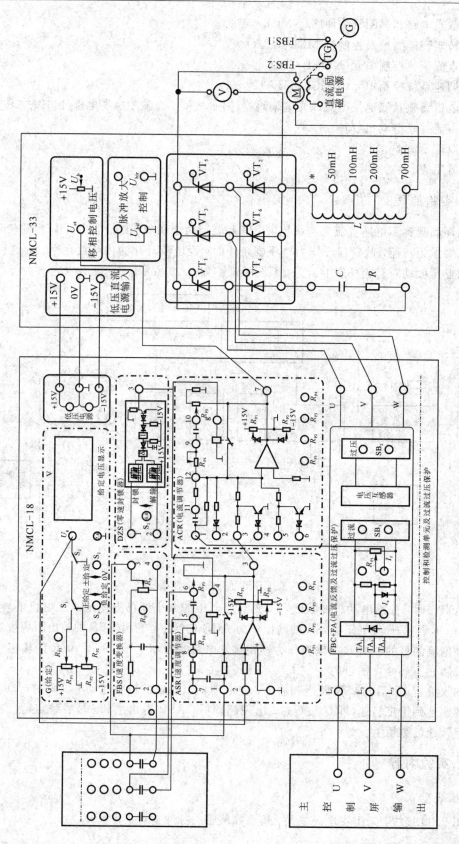

图 5.30　双闭环不可逆直流调速系统接线图

（1）用示波器观察双脉冲观察孔，应有间隔均匀、幅度相同的双脉冲。

（2）检查相序，用示波器观察"1""2"脉冲观察孔，若"1"脉冲超前"2"脉冲 $60°$，则相序正确；否则，应调整输入电源。

（3）将控制一组桥触发脉冲通断的六个直键开关弹出，用示波器观察每只晶闸管的控制极和阴极，应有幅度为 $1\,V\sim2\,V$ 的脉冲。

2. 双闭环调速系统调试原则

（1）"先部件，后系统"，即先将各单元的特性调好，然后才能组成系统。

（2）"先开环，后闭环"，即使系统能正常开环运行，然后在确定电流和转速均为负反馈时组成闭环系统。

（3）"先内环，后外环"，即先调试电流内环，然后调试转速外环。

3. 开环外特性的测定

（1）控制电压 U_{ct} 由给定器 U_g 直接接入。主回路按图 5.30 接线，直流发电机所接负载电阻 R_G 断开，短接限流电阻 R_D。

（2）使 $U_g=0$，调节偏移电压电位器，使 α 稍大于 $90°$。

（3）合上主电源，即按下主控制屏绿色"闭合"开关按钮，这时主控制屏 U、V、W 端有电压输出。

（4）逐渐增加给定电压 U_g 使电机起动、升速，调节 U_g 使电机空载转速 $n_0=1500\,\text{r/min}$；再调节直流发电机的负载电阻 R_G，改变负载，在直流电机空载至额定负载范围，测取 7~8 点，记录电机转速 n 和负载电流 I_d 填入表 5.5 中，即可测出系统的开环外特性 $n=f(I_d)$。

表 5.5　实验数据

序　号	1	2	3	4	5	6	7	8
$n/(\text{r/min})$								
I_d/A								

注意：若给定电压 U_g 为 0 时电机缓慢转动，则表明 α 太小，其波形需后移。

4. 单元部件调试

ASR 调试方法与 5.1.2 节中的相同。

ACR 调试方法如下：使调节器为 PI 调节器，加入一定的输入电压，调整正、负限幅电位器，使脉冲前移 $\alpha\leqslant30°$、脉冲后移 $\beta=30°$，反馈电位器 R_{P3} 逆时针旋到底，使放大倍数最小。

5. 系统调试

将 U_{blf} 接地、U_{blr} 悬空，即使用一组桥 6 只晶闸管。系统调试包括电流环调试和速度变换器调试。

1）电流环调试

电动机不加励磁调试步骤如下：

（1）系统开环，即控制电压 U_{ct} 由给定器 U_g 直接接入，主回路接入电阻 R_D 并调至最大；逐渐增加给定电压，用示波器观察晶闸管整流桥两端电压波形。在一个周期内，电压波形应有 6 个对称波头平滑变化。

（2）增加给定电压，减小主回路串接电阻 R_d，直至 $I_d = 1.1I_{ed}$；再调节 NMCL - 18 上的电流反馈电位器 R_P，使电流反馈电压 U_{fi} 近似等于速度调节器（ASR）的输出限幅值（ASR 的输出限幅可调为 ±5 V）。

（3）NMCL - 31A 的 G（给定）输出电压 U_g 接至 ACR 的"3"端，ACR 的输出"7"端接至 U_{ct}，即系统接入已接成 PI 调节的 ACR 组成电流单闭环系统。ASR 的"9""10"端接可调电容，可预置为 7 μF；同时，反馈电位器 R_{P3} 逆时针旋到底，使放大倍数最小。逐渐增加给定电压 U_g，使之等于 ASR 输出限幅值（+5 V），观察主电路电流是否小于或等于 $1.1I_{ed}$，若 I_d 过大，则应调整电流反馈电位器，使 U_{fi} 增加，直至 $I_d < 1.1I_{ed}$；若 $I_d < I_{ed}$，则可将 R_d 减小直至去除，此时应增加有限且小于过电流保护整定值，这说明系统已具有限流保护功能。测定并计算电流反馈系数。

2）速度变换器调试

电动机加额定励磁，短接限流电阻 R_D，调试步骤如下：

（1）系统开环，即给定电压 U_g 直接接至 U_{ct}，U_g 作为输入给定，逐渐加正给定；当转速 $n = 1500$ r/min 时，调节 FBS（速度变换器）中速度反馈电位器 R_P，使速度反馈电压为 +5 V 左右，计算速度反馈系数。

（2）速度反馈极性判断如下：系统中接入 ASR 构成转速单闭环系统，即给定电压 U_g 接至 ASR 的"2"端，ASR 的"3"端接至 U_{ct}。调节 U_g（U_g 为负电压），若稍加给定，电机转速即达最高速且调节 U_g 也不可控，则表明单闭环系统速度反馈极性有误；但若接成转速-电流双闭环系统，由于给定极性改变，故速度反馈极性可不变。

6. 系统特性测试

将 ASR 和 ACR 均接成 PI 调节器接入系统，形成双闭环不可逆系统。ASR 的调试如下：

（1）反馈电位器 R_{P3} 逆时针旋到底，使放大倍数最小；

（2）"5""6"端接入可调电容，预置为 5 μF～7 μF；

（3）调节 R_{P1}、R_{P2}，使输出限幅为 ±5 V。

1）机械特性 $n = f(I_d)$ 的测定

调节转速给定电压 U_g，使电机空载转速至 1500 r/min；再调节发电机负载电阻 R_g，在空载至额定负载范围内测取 7～8 点，记录 n、I_d 填入表 5.6 中，可测出系统静特性曲线 $n = f(I_d)$。

表 5.6　实 验 数 据

序　号	1	2	3	4	5	6	7	8
$n/(r/min)$								
I_d/A								

2）闭环控制特性 $n = f(U_g)$ 的测定

调节 U_g，测取 7～8 点，记录 U_g 和 n 填入表 5.7 中，即可测出闭环控制特性 $n = f(U_g)$。

表 5.7　实　验　数　据

序　号	1	2	3	4	5	6	7	8
$n/(\text{r/min})$								
U_g/V								

7. 系统动态波形的观察

用二踪慢扫描示波器观察动态波形，用数字示波器记录动态波形，在不同的调节器参数下，观察和记录下列动态波形：

（1）突加给定起动时，电动机电枢电流波形和转速波形；

（2）突加额定负载时，电动机电枢电流波形和转速波形；

（3）突降负载时，电动机电枢电流波形和转速波形。

注：电动机电枢电流波形的观察可通过 ACR 的"1"端，转速波形的观察可通过 ASR 的"1"端。

五、注意事项

（1）三相主电源连线时，不可接错相序。

（2）系统开环连接时，不允许突加给定信号 U_g 起动电机。

（3）改变接线时，必须先按下主控制屏总电源开关的"断开"红色按钮，同时使系统的给定为零。

（4）进行闭环调试时，若电机转速达最高速且不可调，则检查转速反馈的极性是否接错。

（5）双踪示波器的两个探头地线通过示波器外壳短接，故在使用时，必须使两探头的地线同电位（只用一根地线即可），以免造成短路事故。

六、实验报告

（1）根据实验数据，画出闭环控制特性曲线。

（2）根据实验数据，画出闭环机械特性并计算静差率。

（3）根据实验数据，画出系统开环机械特性，计算静差率，并与闭环机械特性进行比较。

（4）分析由数字示波器记录下来的动态波形。

5.4　逻辑无环流可逆直流调速系统实验

5.4.1　系统组成与工作原理

有环流可逆系统虽然具有反向快、过渡平滑等优点，但须设置几个环流电抗器。因此，当工艺过程对系统正、反转的平滑过渡特性要求不是很高时，特别是对于大容量的系统，常采用既没有直流平均环流又没有瞬时脉动环流的无环流控制可逆系统。

逻辑控制的无环流可逆调速系统（以下简称逻辑无环流系统）的原理框图如 5.31。该系统主电路采用两组晶闸管装置反并联线路，由于没有环流，因此不用设置环流电抗器，但仍保留平波电抗器 L_d，以保证稳定运行时电流波形连续，控制系统采用转速、电流双闭环方案；电流环分设两个电流调节器，1ACR 用来控制正组触发装置 GTF，2ACR 控制反组触发装置 GTR，1ACR 的给定信号经反号器 AR 作为 2ACR 的给定信号，因此电流反馈信号的极性不需要变化，可以采用不反映极性的电流检测方法。

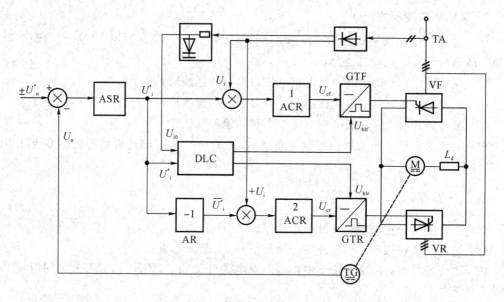

图 5.31　逻辑无环流系统的原理框图

为了保证不出现环流，设置了无环流逻辑控制环节 DLC，这是系统中的关键环节。它按照系统的工作状态，指挥系统进行正、反组的自动切换，其输出信号 U_{blf} 用来控制正组触发脉冲的封锁或开放，U_{blr} 用来控制反组触发脉冲的封锁或开放。

5.4.2　逻辑无环流可逆直流调速系统 MATLAB/Simulink 仿真实验

一、实验目的

（1）加深对逻辑无环流可逆直流调速系统工作原理的理解。

（2）掌握逻辑无环流可逆直流调速系统 MATLAB/Simulink 的仿真建模方法，会设置各模块的参数。

二、实验设备

（1）PC。

（2）MATLAB 7.1.0 仿真软件。

三、实验内容

本实验基本数据如下：直流电动机电压为 220 V、电流为 55 A、转速为 1000 r/min，$C_e=0.1925$ V·min/r，允许过载倍数 $\lambda=1.5$；晶闸管装置放大系数 $K_s=44$；电枢回路总电阻 $R=1.0$ Ω；时间常数 $T_l=0.017$ s，$T_m=0.075$ s；电流反馈系数 $\beta=0.121$ V/A（≈10 V/$1.5I_N$），

转速反馈系数 $\alpha = 0.01\ \text{V} \cdot \text{min/r} (\approx 10\ \text{V}/n_N)$。按工程设计方法设计电流调节器和转速调节器，要求电流超调量 $\sigma_i \leqslant 5\%$，转速无静差，空载起动到额定转速时的转速超调量 $\sigma_n \leqslant 20\%$。

逻辑无环流可逆直流调速系统的仿真模型如图 5.32 所示。

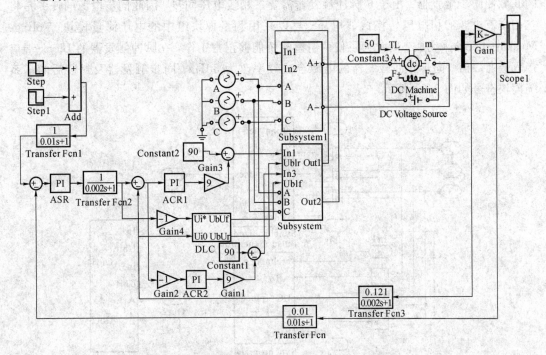

图 5.32 逻辑无环流可逆直流调速系统仿真模型

1. 主电路的建模和参数设置

在逻辑无环流可逆直流调速系统中，主电路由三相对称交流电压源、两组反并联晶闸管整流桥、同步触发器、直流电动机等组成。反并联晶闸管整流桥可以从电力电子模块组中选取 Universal Bridge 模块。两组反并联晶闸管整流桥及封装后的子系统模块符号如图 5.33 所示。(注意，参数设置与双闭环直流调速系统方法附加内容相同。)

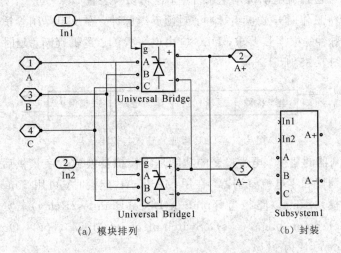

(a) 模块排列   (b) 封装

图 5.33 逻辑无环流主电路子系统模型及子系统模块符号

2. 两组同步触发器的建模

两组同步触发器可以采用电力电子模块组中附加控制(Extra Control Block)子模块中的 6 脉冲同步触发器。由于 6 脉冲触发器需要三相线电压同步，因此同步电源的任务是将三相交流电源的相电压转换成线电压，可以采用测量模块组中的电压测量模块(Voltage Measurement)来完成。同时为了使两组整流桥能够正常工作，在脉冲触发器的 Block 端口接入选通数值。同步脉冲触发器的电源合成频率改为 50Hz。同步触发器及封装后的子系统模块符号如图 5.34 所示。

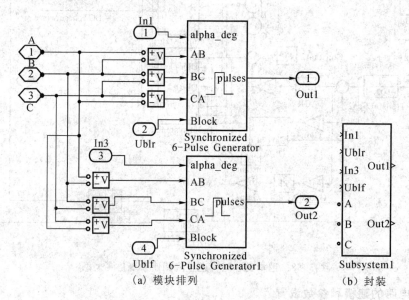

(a) 模块排列　　　　　　(b) 封装

图 5.34　同步触发器及封装后的子系统模块符号

3. 控制电路建模和参数设置

1) 逻辑切换装置 DLC 建模

逻辑无环流可逆直流电动机调速系统中，逻辑切换装置 DLC 是一个核心装置，其任务是在正组晶闸管桥工作时开放正组脉冲、封锁反组脉冲，在反组晶闸管桥工作时开放反组脉冲、封锁正组脉冲。根据其要求，DLC 应由电平检测、逻辑判断、延时电路和联锁保护四部分组成，如图 5.35 所示。

图 5.35　DLC 组成及输入与输出信号

(1) 电平检测器的建模。电平检测的功能是将模拟量换成数字量供后续电路使用。它包含电流极性鉴别器和零电流鉴别器，在用 MATLAB 建模时，可用 Simulink 的非线性模块组中的继电器模块 Relay(路径为 Simulink/Discontinuities/Relay)来实现。此模块参数设置是：Switch on point 为 eps (eps)，Switch off point 为 eps (eps)，Output when on 为 1(0)，Output when off 为 0(1)。

(2) 逻辑判断电路的建模。逻辑判断电路的功能是根据转矩极性鉴别器和零电流检测

器输出信号 U_T 和 U_z 的状态，正确地发出切换信号 U_F 和 U_R 来决定两组晶闸管的工作状态。

　　由于 MATLAB 中的与非门模块输出与输入有关，且仿真只是数值计算，对于 MATLAB 中的逻辑模块如 Logical Operator 需要两个输入量，若直接把与非门的输出接到输入，则仿真不能进行。本实验采用 Combinatorial Logic 逻辑模块（路径为 Simulink/Math Operations/Combinatorial Logic），将参数菜单上的真值表改为[1 1；1 1；1 1；0 0]，表现出与非门性质，同 Demux 模块和 Mux 模块进行连接和封装，封装后再加一个记忆模块 Memory（路径为 Simulink/Discrete/Memory；参数 Initial condition 设置为 1）就能满足判断电路的要求。采用 Combinatorial Logic 模块搭建的与非门（NAND）封装后如图 5.36 所示。

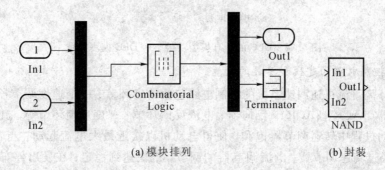

(a) 模块排列　　　　　　　　　(b) 封装

图 5.36　NAND 模型的建立及封装后模块符号

　　（3）延时电路的建模。在逻辑判断电路发出切换指令后，必须经过封锁延时和开放延时才能封锁原导通组脉冲与开放另一组脉冲。由数字逻辑电路的 DLC 装置能够发现，当逻辑电路的输出由"0"变成"1"时，延时电路产生延时；当输出由"1"变成"0"或状态不变时，其不产生延时。根据这一特点，利用 Simulink 工具箱中数学模块组中的传递延时模块 Transport Delay（路径为 Simulink/Continuous/Transport Delay；参数 Time delay 设为 0.004，Initial input 设为 0，Initial buffer size 设为 1024）、逻辑模块 Logical Operator（路径为 Simulink/Math Operations/Logical Operator；参数设置为 OR）及数据类型转换模块 Data Type Conversion（路径为 Simulink/Signal Attributes/Data Type Conversion；参数设置：Data Type 为 double）实现此功能，其连接及封装后如图 5.37 所示。

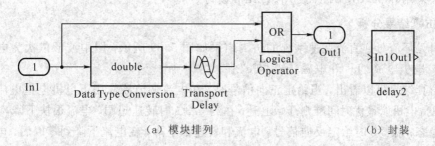

(a) 模块排列　　　　　　　　　(b) 封装

图 5.37　延时电路的建模及封装后模块符号

　　（4）联锁保护电路的建模。逻辑电路的两个输出总是一个为"1"态，另一个为"0"态；但是一旦电路发生故障，两个输出同时为"1"态，将造成两组晶闸管同时开放而导致电源短路。为了避免这种事故，在无环流逻辑控制器的最后部分设置了多"1"连锁保护电路，可利用 Simulink 工具箱的逻辑运算模块 Logical Operator（参数 Operator 设置为 NAND）实现连锁保护功能。DLC 仿真模型及封装后的 DLC 模块符号如图 5.38 所示。

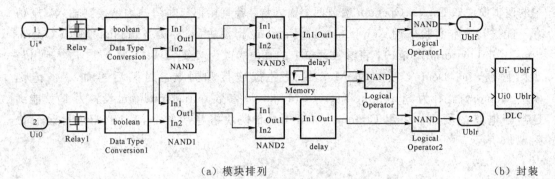

（a）模块排列　　　　　　　　　　　　　　　　（b）封装

图 5.38　DLC 的仿真模型及封装后 DLC 模块符号

2）其他控制电路的建模和参数的设置

逻辑无环流直流可逆调速系统的控制电路包括给定环节、一个速度调节器（ASR）、两个电流调节器（1ACR、2ACR）、反向器、电流反馈环节、速度反馈环节等。其参数设置主要保证在起动过程中转速调节器饱和，使得电动机以接近最大电流起动，当转速超调时，电流下降，经过转速调节器、电流调节器的调节，很快达到稳定；在发出停车或反向运转指令时，原先导通的整流桥处于逆变状态，使得转速和电流都下降；当电流下降到零经过延时后，原先导通的整流桥封锁，另一组整流器开始整流，电流开始反向，电动机先处于反接制动状态；当电流略有超调后，又处于回馈制动状态，转速急剧下降到零或电动机反向运转。

根据工程设计方法设置调器参数，ASR 的参数设置为 $K_n=6.02$，$\tau_n=0.087$ s；ACR 的参数设置为 $K_i=0.43$，$\tau_i=0.017$ s。

仿真模型的 ASR 参数为 $K_p=6.02$，$K_i=69.2$，上、下限幅值为 $[10 \quad -10]$；ACR 的参数设置为 $K_p=0.43$，$K_i=25.3$，上、下限幅值为 $[10 \quad -10]$。

电机本体模块参数设置方法与双闭环直流调速系统方法相同。

为了检验仿真效果，给定信号采用叠加信号，使给定信号由 10 到 -10 再到 10 转换。仿真算法采用 ode23tb，Start 设为 0，Stop 设为 9 s。

4. 仿真结果分析

逻辑无环流可逆直流调速系统的仿真结果如图 5.39 所示，图中波形依次为电动机转速"n"、电枢电流"Ia"和电磁转矩"Te"。

从仿真结果可以看出，当给定正向信号时，在电流调节器作用下电机电枢电流接近最大值，使得电机以最优时间准则开始上升，在约 0.3 s 时转速超调，电流很快下降，在 0.6 s 时达到稳态；在 3 s 时给定反向信号，电流和转速都下降，在电流下降到零以后，电机处于制动状态，转速快速下降，当转速降为零后，电机进入反向电动状态，随后处于制动状态，保持转矩恒定。仿真的整个变化曲线与实际情况非常类似。

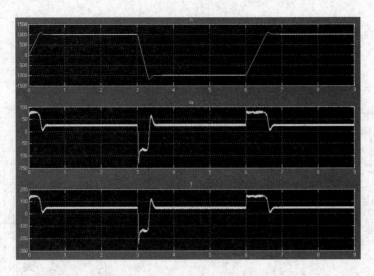

图 5.39　逻辑无环流可逆直流调速系统仿真结果

5.4.3　逻辑无环流可逆直流调速系统 NMCL 实验台实验

一、实验目的

(1) 了解并熟悉逻辑无环流可逆直流调速系统的原理和组成。

(2) 掌握各控制单元的原理、作用及调试方法。

(3) 掌握逻辑无环流可逆调速系统的调试步骤和方法。

(4) 了解逻辑无环流可逆调速系统的静特性和动态特性。

二、实验设备

(1) 电源控制屏(MEL - 002T)。

(2) 触发电路和晶闸管主回路(NMCL - 33)。

(3) 转矩转速测量及控制(NMCL - 13A)。

(4) 直流调速控制单元(NMCL - 18)。

(5) 调速系统控制单元(NMCL - 31A)。

(6) 电机导轨及测速发电机(M04 - A)、直流复励发电机(M01 - A)。

(7) 直流并励电动机(M03 - A)。

(8) 双踪示波器。

三、实验原理

逻辑无环流系统的主回路由二组反并联的三相全控整流桥组成。由于没有环流，两组可控整流桥之间可省去限制环流的均衡电抗器，电枢回路仅串接一个平波电抗器。

控制系统主要由速度调节器(ASR)、电流调节器(ACR)、反号器(AR)、转矩极性鉴别器(DPT)、零电流检测器(DPZ)、无环流逻辑控制器(DLC)、触发器、电流变换器(FBC)、速度变换器(FBS)等组成。其系统原理图如图 5.40 所示。

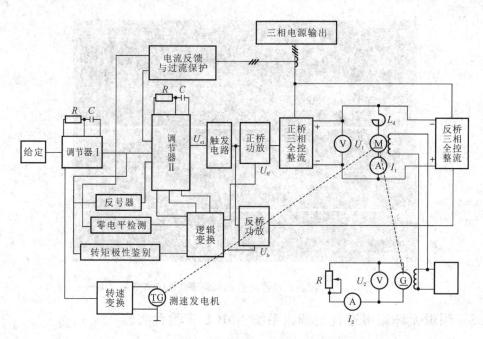

图 5.40　逻辑无环流可逆直流调速系统原理图

正向起动时，给定电压 U_g 为正电压，无环流逻辑控制器的输出端 U_{blf} 为"0"态，U_{blr} 为"1"态，即正桥触发脉冲开通、反桥触发脉冲封锁，主回路正组可控整流桥工作，电机正向运转。减小给定时，$U_g < U_{fn}$，使 U_{gi} 反向，整流装置进入本桥逆变状态，而 U_{blf}、U_{blr} 不变；当主回路电流减小并趋零后，U_{blf}、U_{blr} 输出状态转换，U_{blf} 为"1"态，U_{blr} 为"0"态，即进入它桥制动状态，使电机降速至设定的转速后再切换成正向运行；当 $U_g = 0$ 时，则电机停转。

反向运行时，U_{blf} 为"1"态，U_{blr} 为"0"态，主电路反组可控整流桥工作。

无环流逻辑控制器的输出取决于电机的运行状态。在正向运转、正转制动本桥逆变及反转制动它桥逆变状态，U_{blf} 为"0"态，U_{blr} 为"1"态，保证了正桥工作、反桥封锁；在反向运转、反转制动本桥逆变及正转制动它桥逆变阶段，则 U_{blf} 为"1"态，U_{blr} 为"0"态，正桥被封锁、反桥触发工作。由于逻辑控制器的作用，在逻辑无环流可逆系统中保证了任何情况下两整流桥不会同时触发，一组触发工作时，另一组被封锁，因此系统工作过程中既无直流环流也无脉冲环流。

四、实验内容

1. 接线

按图 5.41 和图 5.42 接线，未接上主电源之前，检查晶闸管的脉冲是否正常。

（1）用示波器观察双脉冲观察孔，应有间隔均匀、幅度相同的双脉冲。

（2）检查相序，用示波器观察"1""2"脉冲观察孔，若"1"脉冲超前"2"脉冲 60°，则相序正确；否则，应调整输入电源。

（3）将控制一组桥触发脉冲通断的六个直键开关弹出，用示波器观察每只晶闸管的控制极和阴极，应有幅度为 1 V～2 V 的脉冲。

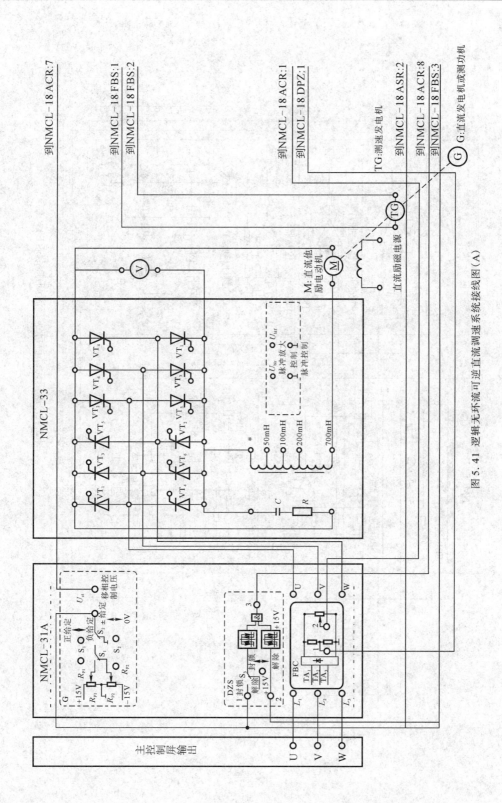

图 5. 41　逻辑无环流可逆直流调速系统接线图 (A)

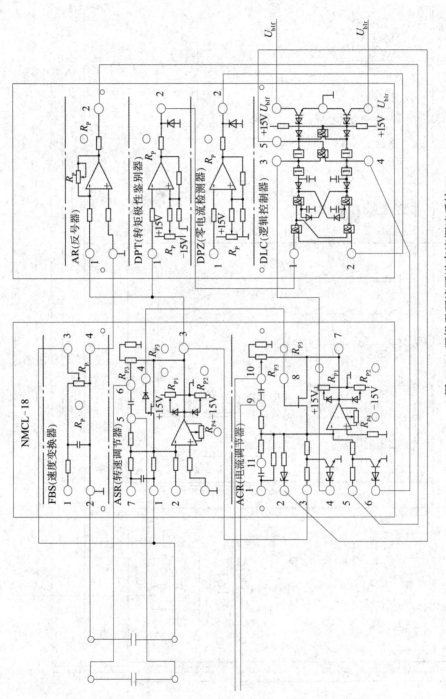

图 5.42 逻辑无环流可逆直流调速系统(B)

（4）将 U_{blr} 接地，可观察反桥晶闸管的触发脉冲。

（5）用万用表检查 U_{blf}、U_{blr} 的电压，一个为高电平，另一个为低电平，但不能同为低电平。

2. 控制单元调试

（1）按 5.3.3 节中的方法调试 FBS、ASR、ACR。

（2）按 5.1.2 节中的方法调试 AR、DPT、DPZ、DLC。

对电平检测器的输出应有下列要求：

转矩极性鉴别器（DPT）：

　　　　电机正转——输出 U_M 为"1"态；

　　　　电机反转——输出 U_M 为"0"态。

零电流检测器（DPZ）：

　　　　主回路电流接近零——输出 U_I 为"1"态；

　　　　主回路有电流——输出 U_I 为"0"态。

（3）调节 ASR、ACR 的串联积分电容，使系统正常，且稳定运行。

3. 机械特性 $n = f(I_d)$ 的测定

测出 $n = 1500$ r/min 的正、反转机械特性 $n = f(I_d)$，方法与 5.3.3 节中的相同，将测取的 n、I_d 填入表 5.8 中。

表 5.8　实 验 数 据

$n = 1500$ r/min

序　号	1	2	3	4	5	6	7	8
n/(r/min)								
I_d/A								

4. 闭环控制特性的测定

按 5.3.3 节中的方法测出正、反转时的闭环控制特性 $n = f(U_g)$，将测取的 n、U_g 填入表 5.9 中。

表 5.9　实 验 数 据

序　号	1	2	3	4	5	6	7	8
n/(r/min)								
U_g/V								

5. 系统动态波形的观察

用双踪扫描示波器观察并记录：

（1）给定值阶跃变化（正向起动→正向停车→反向切换到正向→正向切换到反向→反向停车）时的动态波形。

（2）电机稳定运行于额定转速，U_g 不变，突加、突减负载（$20\% I_{ed} \leftrightarrow 100\% I_{ed}$）时的动态波形。

（3）改变 ASR、ACR 的参数，观察动态波形的变化情况。

注：观察电动机电枢电流波形可通过 ACR 的"1"端进行；观察转速波形可通过 ASR 的"1"端进行。

五、注意事项

（1）实验时，应保证逻辑控制器工作；逻辑正确后才能使系统正、反向切换运行。

（2）为了防止意外，可在电枢回路串联一定的电阻，若工作正常，则可随 U_g 的增大逐渐去除电阻。

六、实验报告

（1）根据实验结果，画出正、反转闭环控制特性曲线。

（2）根据实验结果，画出正、反转闭环机械特性，并计算静差率。

（3）分析参数变化对系统动态过程的影响。

（4）分析电机从正转切换到反转过程中，电机经历的工作状态和系统能量转换状况。

5.5 双闭环控制可逆直流脉宽调速系统实验

5.5.1 系统组成与工作原理

自从全控性电力电子器件问世以后，就出现了采用脉冲宽度调制的高频开关控制方式，形成了脉宽调制变换器-直流电动机调速系统，简称直流脉宽调速系统，或直流 PWM 调速系统。与 V－M 系统相比，直流 PWM 调速系统在很多方面都有很大的优越性，在中小容量的高动态性能系统中，直流 PWM 调速系统已经完全取代了 V－M 系统。直流 PWM 调速系统采用脉冲宽度调制的方法，把恒定的直流电源电压调制成频率一定、宽度可变的脉冲电压序列，从而可以改变平均输出电压的大小，以调节电动机转速。

本次实验所搭建的双闭环控制可逆直流脉宽调速系统，就采用了可逆 PWM 变换器，如图 5.43 所示。电路中采用了 $VT_1 \sim VT_4$ 四个全控型器件，分别用四个桥臂控制点击运行。

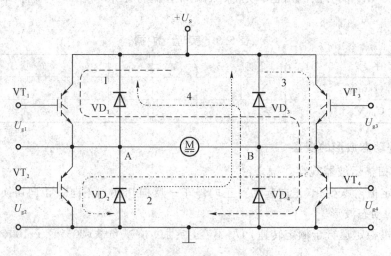

图 5.43 可逆 PWM 变换器

　　根据图 5.44 所示双极式控制可逆 PWM 变换器的驱动电压、输出电压和电流波形可以看出，在一个开关周期内，当 $0 \leqslant t < t_{on}$ 时，$U_{AB} = U_S$，电枢电流 i_d 沿回路 1 流通。当 $t_{on} \leqslant t < T$ 时，驱动电压反号，i_d 沿回路 2 经二极管续流，$U_{AB} = -U_S$。当 $t_{on} > T/2$ 时，U_{AB} 的平均值为正，电动机正转；反之则反转。当 $t_{on} = T/2$ 时，平均输出电压为零，电动机停止。图中，U_t 为锯齿波信号，U_c 为误差控制信号。

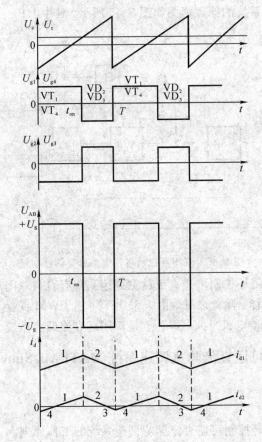

图 5.44　双极式控制可逆 PWM 变换器的驱动电压、输出电压和电流波形

　　在图 5.44 中，电流波形存在两种情况：① 电动机负载较重时，负载电流 i_{d1} 大，在续流阶段电流仍维持正方向，电动机始终工作在第一象限的电动状态。② 负载很轻时，平均电流小，在续流阶段电流很快衰减到零，于是二极管终止续流，而反向开关器件导通，此时电枢电流反向，电动机处于制动状态。i_{d2} 电流中的线段 3 和 4 是工作在第二象限的制动状态。

　　电枢电流的方向决定了电流是经过续流二极管还是经过开关器件流动。

　　可逆 PWM 变换器有下列优点：

　　(1) 电流一定连续；

　　(2) 可使电动机在四象限运行；

　　(3) 电动机停止时有微振电流，能消除静摩擦死区；

　　(4) 低速平稳性好，系统的调速范围大；

　　(5) 低速时，每个开关器件的驱动脉冲仍较宽，有利于保证器件的可靠导通。

双极式控制方式的不足之处是，在工作过程中，4 个开关器件可能都处于开关状态，开关损耗大，而且在切换时可能发生上、下桥臂直通的事故。为了防止产生直通，在上、下桥臂的驱动脉冲之间应设置逻辑延时。

双闭环控制可逆直流脉宽调速系统是由速度调节器和电流调节器进行综合调节，可获得良好的静态和动态性能(两个调节器均采用 PI 调节器)。由于调整系统的主要参量为转速，故将转速环作为主环放在外面，电流环作为副环放在里面，这样可以抑制电网电压扰动对转速的影响。实验系统的原理框图如图 5.45 所示，其中 UPE 采用可逆 PWM 变换器。

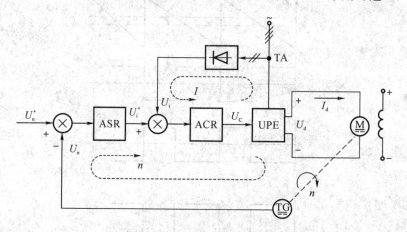

图 5.45　双闭环控制可逆直流脉宽调速系统

值得注意的是，双闭环控制可逆直流脉宽调速系统有着与双闭环直流调速系统同样的良好静态性能与动态性能。除此之外，由于采用了可逆 PWM 变换器，双闭环控制可逆直流脉宽调速系统还可以使电机反向，这一点是双闭环直流调速系统无法做到的。

5.5.2　双闭环控制可逆直流脉宽调速系统 MATLAB/Simulink 仿真实验

一、实验目的

(1) 加深理解双闭环控制可逆直流脉宽调速系统的工作原理。

(2) 掌握双闭环控制可逆直流脉宽调速系统 MATLAB/Simulink 的仿真建模方法，会设置各模块的参数。

二、实验设备

(1) PC。

(2) MATLAB 7.1.0 仿真软件。

三、实验内容

转速、电流双闭环控制的 H 形双极式直流可逆 PWM 调速系统，已知电动机参数为 $P_N=200$ W、$U_N=48$ V、$I_N=3.7$ A、$n_N=200$ r/min，电枢电阻为 $R_a=6.5$ Ω，电枢回路总电阻为 $R=8$ Ω，允许电流过载倍数 $\lambda=2$，电磁时间常数 $T_1=0.015$ s，机电时间常数 $T_m=0.2$ s，电流反馈滤波时间常数 $T_{oi}=0.001$ s，转速反馈滤波时间常数 $T_{on}=0.005$ s。设调节器输入与输出电压 $U_{nm}^*=U_{im}^*=10$ V，电力电子开关频率 $f=1$ kHz，试对该系统进行动态参数设计，设计指标为稳态无静差，电流超调量 $\sigma_i \leqslant 5\%$；空载启动到额定转速时的转速超调量 $\sigma_n \leqslant 20\%$，过渡过程时间 $t_s \leqslant 0.1\ \text{s}$。

双闭环直流脉宽可逆调速系统的仿真模型如图 5.46 所示。

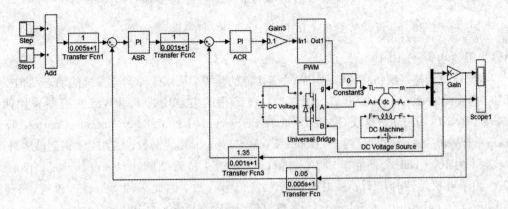

图 5.46 双闭环直流脉宽可逆调速系统仿真模型

1. 主电路仿真模型的建立与参数设置

主电路由直流电动机本体模块、Universal Bridge 桥式电路模块、负载和电源等组成。电动机本体模块参数计算方法与直流双闭环晶闸管调速系统的相同，参数设置如图 5.47 所示。

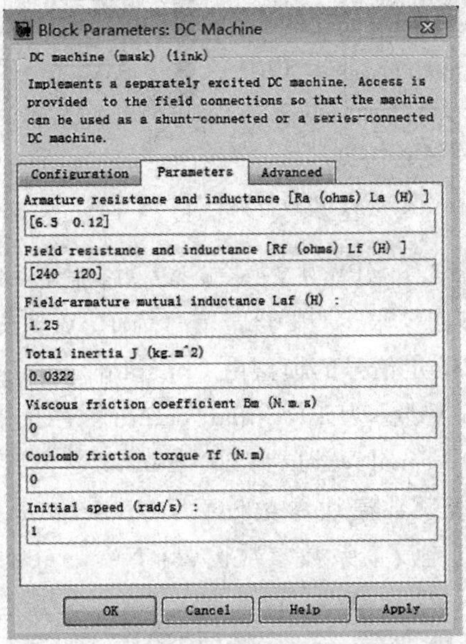

图 5.47 定量仿真的电机参数设置

桥式电路参数设置：桥臂数为 2，电力电子装置为 MOSFET/Diodes，H 形桥式电力电子的导通电阻 $R_{on} = 8 - 6.5 = 1.5\ \Omega$，其他参数为默认值。

电动机负载取 0(值得注意的是，小功率电动机的额定电流仅为 3.7 A，在带负载仿真时，负载不能过大，负载小于"4"为宜，否则仿真终止)，励磁电源为 220 V，直流电源参数设置为 48 V。

2. 控制电路模型的建立与参数设置

控制电路由 PI 调节器、PWM 变换器、滤波环节、延迟环节和反馈环节等组成。ASR、ACR 采用 PI 模块，并根据工程设计方法求得参数。转速调节器（ASR）的 $K_p=5.4$、$K_i=\dfrac{K_p}{\tau_n}=\dfrac{5.4}{0.045}=120$，电流调节器（ACR）的 $K_p=4.63$、$K_i=\dfrac{K_p}{\tau_i}=\dfrac{4.63}{0.015}=308.7$，两个调节器输出限幅均为 $[-10\ 10]$。

直流脉宽调速系统仿真关键是 PWM 变换器的建模。从双闭环调速系统的动态结构框图可知，电流调节器（ACR）输出最大限幅时，H 形桥的占空比为 1。PWM 变换器采用两个 Discrete PWM Generator 模块（路径为 SimPowerSystems/ExtraLibrary/Discrete Control Block/Discrete PWM Generator），且两个 Discrete PWM Generator 模块参数设置均为：调制波为外设，载波频率为 1000 Hz，变换器模式 Generator Mode 为 1 桥臂 2 脉冲（1-arm bridge/2 pluses）。其次，由于电机运转时，H 形桥对角两管触发信号一致，因此采用 Selector 模块（路径为 Simulink/Signal Routing/Selector），参数设置：Index Option 为 Index Vector(dialog)，Index 为 $[1\ 2\ 4\ 3]$，Input port width 为 4（表示有 4 路输入），使得 PWM 变换器信号同 H 形桥对角两管触发信号相对应。PWM 变换器模型及封装后子系统如图 5.48 所示。

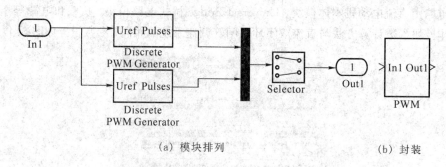

(a) 模块排列　　　　　　　　　　　　　　　　(b) 封装

图 5.48　PWM 变换器模型及封装后子系统

为了反映出此系统能够四象限运行，给定信号为 10 V 到 −10 V 再到 10 V，故给定信号模块采用多重信号叠加。给定信号的模型由 Constant、Sum 等模块组成，一个 Constant 参数设置：Step 为 2，Intial Value 为 10，Final Value 为 −10；另一个 Constant 参数设置：Step 为 4、Intial Value 为 0，Final Value 为 20。Sum 参数设置：List of sgns 为"＋ ＋"。

带滤波环节的转速反馈系数模块参数设置：Numerator 为 $[0.05]$，Denominator 为 $[0.005\ 1]$。带滤波环节的电流反馈系数参数设置：Numerator 为 $[1.45]$，Denominator 为 $[0.001\ 1]$。

转速延迟模块的参数设置：Numerator 为 $[1]$，Denominator 为 $[0.005\ 1]$。电流延迟模块参数设置：Numerator 为 $[1]$，Denominator 为 $[0.001\ 1]$。

系统仿真参数设置：仿真算法采用 ode23tb，Start 设为 0，Stop 设为 6 s。

3. 仿真结果分析

仿真结果如图 5.49 所示，图中波形依次为电动机转速"n"和电枢电流"Ia"。

从仿真结果可以看出，当给定信号为 10 V 时，在电动机起动过程中，电流调节器作用下的电动机电枢电流接近最大值，使得电动机以最优时间准则开始上升，最高转速为

230 r/min，超调量为 15％；稳态时转速为 200 r/min；当给定信号变成 −10 V 时，电动机从电动状态变成制动状态；当转速为零时，电动机开始反向运转。说明仿真模型及参数设置的正确性。

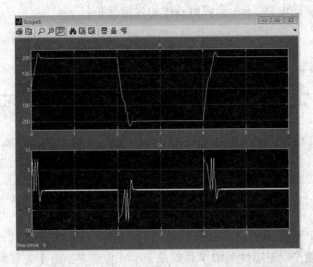

图 5.49　双闭环直流脉宽可逆调速系统仿真结果

5.5.3　双闭环控制可逆直流脉宽调速系统 NMCL 实验台实验

一、实验目的

（1）掌握双闭环可逆直流脉宽调速系统的组成、原理及各主要单元部件的工作原理。

（2）熟悉直流 PWM 专用集成电路 SG3525 的组成、功能与工作原理。

（3）熟悉 H 形 PWM 变换器的各种控制方式的原理与特点。

（4）掌握双闭环可逆直流脉宽调速系统的调试步骤、方法及参数的整定。

二、实验设备

（1）电源控制屏（MEL - 002T）。

（2）调速系统控制单元（NMCL - 31A）。

（3）现代电力电子电路和直流脉宽调速（NMCL - 22）。

（4）可调电阻箱（NMCL - 03/4）。

（5）直流调速控制单元（NMCL - 18）。

（6）电机导轨及测速发电机（M04 - A）、直流复励发电机（M01 - A）。

（7）直流并励电动机（M03 - A）。

（8）双踪示波器。

（9）万用表。

三、实验原理

在中小容量的直流传动系统中，采用自关断器件的脉宽调速系统比相控系统具有更多的优越性，因而日益得到广泛应用。

　　双闭环脉宽调速系统的原理框图如图 5.50 所示。图中可逆 PWM 变换器主电路系统采用 MOSFET 所构成的 H 形结构形式，UPW 为脉宽调制器，DLD 为逻辑延时环节，GD 为 MOS 管的栅极驱动电路，FA 为瞬时动作的过流保护。

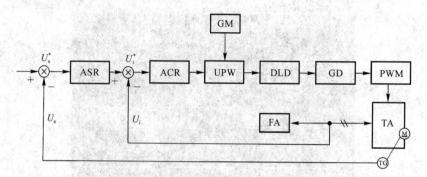

图 5.50　双闭环脉宽调速系统的原理图

　　脉宽调制器 UPW 采用美国硅通用公司(Silicon General)的第二代产品 SG3525，这是一种性能优良、功能全、通用性强的单片集成 PWM 控制器。由于它结构简单，性能可靠，使用方便、灵活，大大简化了脉宽调制器的设计及调试，故获得广泛使用。

四、实验内容

1. SG3525 性能测试

按下 S_1 琴键开关，操作如下：

（1）用示波器观察 UPW 的"1"端的电压波形，记录波形的周期和幅度。

（2）用示波器观察 UPW 的"2"端的电压波形，调节 UPW 的 R_P 电位器，使方波的占空比为 50%。

（3）用导线将 NMCL－31A 中"G"的"1"和"UPW"的"3"相连，分别调节正、负给定，记录"2"端输出波形的最大占空比和最小占空比。

2. 控制电路的测试

1）逻辑延时时间的测试

在上述实验的基础上，分别将正、负给定调到零，连接 UPW 的"2"端和 DLD 的"1"端，用示波器观察 DLD 的"1"和"2"端的输出波形，并记录延时时间 $t_d = \underline{\qquad}$。

2）同一桥臂上、下晶闸管驱动信号列区时间的测试

测试时分别将"隔离驱动"的 G 和主回路的 G 相连，用双踪示波器分别测量 $U_{VT1.GS}$ 和 $U_{VT2.GS}$ 以及 $U_{VT3.GS}$ 和 $U_{VT4.GS}$ 的列区时间，$t_{dVT1.VT2} = \underline{\qquad}$，$t_{dVT3.VT4} = \underline{\qquad}$。

3. 开环系统调试

主回路实验接线参照图 5.51（注意，调节器不连接），控制回路直接将 NMCL－31A 的给定接至 NMCL－22 的 UPW "3"端，并将 UPW "2"端和 DLD "1"端相连，驱动电路的 G_1、G_2、G_3、G_4 相连。

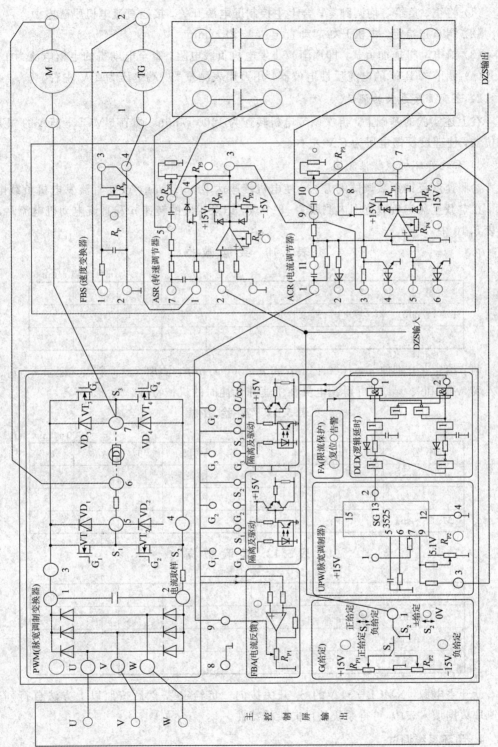

图 5.51 双闭环直流脉宽调速系统接线图

1）电流反馈系数的调试

（1）将正、负给定均调到零，合上主控制屏电源开关，接通直流电机励磁电源。

（2）调节正给定，电机开始起动直至达 1500 r/min。

（3）给电动机拖加负载，即逐渐减小发电机负载电阻，直至电动机的电枢电流为 1 A。

（4）调节"FBA"的电流反馈电位器，用万用表测量"9"端电压为 2 V 左右。

2）速度反馈系数的调试

在上述实验的基础上，再次调节电机转速为 1400 r/min，调节 NMCL - 31A 的"FBS"电位器，使速度反馈电压为 5 V 左右。

3）系统开环机械特性测定

参照速度反馈系数调试的方法，使电机转速达 1400 r/min，改变直流发电机负载电阻 R_d，在空载至额定负载范围内测取 7～8 个点，记录相应的转速 n 和直流电动机电流 i_d，填入表 5.10 中。

表 5.10　实　验　数　据

$n = 1400$ r/min

序　号	1	2	3	4	5	6	7	8
$n/(\text{r/min})$								
i_d/A								

调节给定，分别使 $n = 1000$ r/min 和 $n = 500$ r/min，测取 7～8 个点，记录 n、i_d、M 填入表 5.11 和表 5.12，可得到电机在中速和低速时的机械特性。

表 5.11　实　验　数　据

$n = 1000$ r/min

序　号	1	2	3	4	5	6	7	8
$n/(\text{r/min})$								
i_d/A								
$M/(\text{N·m})$								

表 5.12　实　验　数　据

$n = 500$ r/min

序　号	1	2	3	4	5	6	7	8
$n/(\text{r/min})$								
i_d/A								
$M/(\text{N·m})$								

断开主电源，NMCL - 31A 的 S_1 开关拨向"负给定"，然后按照以上方法自行列表，将测取数据填入表中，可得系统的反向机械特性。

4. 闭环系统调试

控制回路可参照实验接线图 5.51 所示 ACR 均接成 PI 调节器接入系统，形成双闭环不可逆系统。

1）速度调节器的调试

（1）反馈电位器 R_{P3} 逆时针旋到底，使放大倍数最小。

（2）"5""6" 端接入可调电容器，预置为 5 μF～7 μF。

（3）调节 R_{P1}、R_{P2} 使输出限幅为±2 V。

2）电流调节器的调试

（1）反馈电位器 R_{P3} 逆时针旋到底，使放大倍数最小。

（2）"5""6" 端接入可调电容器，预置为 5 μF～7 μF；

（3）NMCL - 31A 的 S_2 开关打向"给定"，S_1 开关扳向上，调整 NMCL - 31A 的 R_{P1} 电位器，使 ACR 输出正饱和；调整 ACR 的正限幅电位器 R_{P1}，用示波器观察 NMCL - 22 中 DLD "2" 端的脉冲，该脉冲不可移出范围。S_1 开关打向下至"负给定"，调整 NMCL - 31A 的 R_{P2} 电位器，使 ACR 输出负饱和；调整 ACR 的负限幅电位器 R_{P2}，用示波器观察 NMCL - 22 中 DLD "2" 端的脉冲，该脉冲不可移出范围。

5．系统静特性测试

1）机械特性 $n = f(I_d)$ 的测定

NMCL - 31A 的 S_2 开关打向"给定"，S_1 开关扳向上，逆时针调整 NMCL - 31A 的 R_{P1} 电位器到底。合上主电路电源，逐渐增加给定电压 U_g，使电机起动、升速；调节 U_g 使电机空载转速 $n_0 = 1500$ r/min，再调节直流发电机的负载电阻 R_G，改变负载，在直流电机空载至额定负载范围内测取 7～8 点，读取电机转速 n、负载电流 I_d 填入表 5.13 中，可测出系统正转时的静特性曲线 $n = f(I_d)$。

表 5.13　实　验　数　据

序　号	1	2	3	4	5	6	7	8
$n/$(r/min)								
$I_d/$A								

断开主电源，S_1 开关打向下至"负给定"，逆时针调整 NMCL - 31A 的 R_{P2} 电位器到底。合上主电路电源，逐渐增加给定电压 U_g，使电机起动、升速；调节 U_g 使电机空载转速 $n_0 = 1500$ r/min，再调节直流发电机的负载电阻 R_G，改变负载，在直流电机空载至额定负载范围内测取 7～8 点，读取电机转速 n、电机电枢电流 I_d 填入表 5.14 中，可测出系统反转时的静特性曲线 $n = f(I_d)$。

表 5.14　实　验　数　据

序　号	1	2	3	4	5	6	7	8
$n/$(r/min)								
$I_d/$A								

2）闭环控制特性 $n = f(U_g)$ 的测定

S_1 开关扳向上，调节 NMCL - 31A 给定电位器 R_{P1}，同样地，记录给定输出 U_g 和电动机转速 n 填入表 5.15 中，即可测出闭环控制特性 $n = f(U_g)$。

表 5.15　实 验 数 据

序　号	1	2	3	4	5	6	7	8
$n/(\text{r/min})$								
U_g/V								

6. 系统动态波形的观察

用二踪慢扫描示波器观察动态波形，用数字示波器记录动态波形，在不同的调节器参数下，观察和记录下列动态波形。

(1) 突加给定起动时，电动机电枢电流波形和转速波形。

(2) 突加额定负载时，电动机电枢电流波形和转速波形。

(3) 突降负载时，电动机电枢电流波形和转速波形。

注：对电动机电枢电流波形的观察可通过 NMCL-18 中 ACR 的"1"端；对转速波形的观察可通过 NMCL-18 中 ASR 的"1"端。

五、注意事项

(1) 直流电动机工作前，必须先加上直流激磁。

(2) 接入 ASR 构成转速负反馈时，为了防止振荡，可预先把 ASR 中 R_{P3} 电位器逆时针旋到底，使调节器放大倍数最小；同时，ASR 的"5""6"端接入可调电容(预置为 7 μF)。

(3) 测取静特性时，不允许主电路电流超过电机的额定值(1 A)。

(4) 系统开环连接时，不允许突加给定信号 U_g 起动电机。

(5) 改变接线时，必须先按下主控制屏总电源开关的"断开"红色按钮，同时使系统的给定为零。

(6) 双踪示波器的两个探头地线通过示波器外壳短接，故在使用时，必须使两探头的地线同电位(只用一根地线即可)，以免造成短路事故。

(7) 实验时需要特别注意起动限流电路的继电器有否吸合，若该继电器未吸合，则进行过流保护电路调试或进行加负载试验时，就会烧坏起动限流电阻。

六、实验报告

(1) 根据实验数据，列出 SG3525 的各项性能参数、逻辑延时时间、同一桥臂驱动信号死区时间、起动限流继电器吸合时的直流电压值等。

(2) 列出开环机械特性数据，画出对应的曲线，并计算满足 $s=0.05$ 时的开环系统调速范围。

(3) 根据实验数据，计算出电流反馈系数 β 与速度反馈系数 α。

(4) 列出闭环机械特性数据，画出对应的曲线，计算出满足 $s=0.05$ 时的闭环系统调速范围，并与开环系统调速范围相比较。

(5) 列出闭环控制特性 $n=f(U_g)$ 数据，并画出对应的曲线。

(6) 画出下列动态波形：

① 突加给定时的电动机电枢电流和转速波形，并在图上标出超调量等参数。

② 突加与突减负载时的电动机电枢电流和转速波形。

（7）试对 H 形变换器的优缺点以及由 SG3525 控制器构成的直流脉宽调速系统的优缺点及适用场合作出评述。

（8）试对实验中感兴趣现象进行分析和讨论。

（9）简述实验的收获、体会与改进意见。

5.6 单/双闭环三相异步电机调压调速系统实验

5.6.1 系统组成与工作原理

变压调速是异步电机调速方法中比较简便的一种。由电力拖动原理可知，当异步电机等效电路的参数不变时，在相同的转速下，电磁转矩与定子电压的平方成正比。通过图 5.52 所示异步电动机不同电压下的机械特性可以看出，改变定子外加电压就可以改变机械特性的函数关系，从而改变电机在一定负载转矩下的转速。

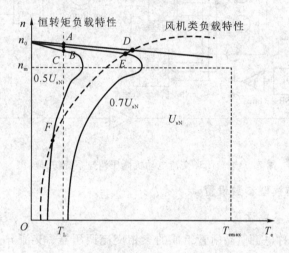

图 5.52 异步电动机不同电压下的机械特性

异步电动机采用调压调速时，由于同步转速不变和机械特性较硬，因此对普通异步电动机来说其调速范围很有限，无实用价值；而对力矩电机或线绕式异步电动机，在转子中串入适当电阻后使其机械特性变软且调速范围有所扩大，但在负载或电网电压波动情况下，其转速波动较大，因此常采用双闭环调速系统。

异步电动机调压调速系统结构简单，采用双闭环系统时静差率较小，且比较容易实现正转和反转及反接和能耗制动。但在恒转矩负载下它不能长时间低速运行，因为低速运行时转差功率 $P_s = sP_M$ 全部消耗在转子电阻中，使转子过热。

5.6.2 单闭环三相异步电机调压调速系统 MATLAB/Simulink 仿真实验

一、实验目的

（1）加深理解单闭环三相异步电机调压调速系统的工作原理。

（2）掌握单闭环三相异步电机调压调速系统 MATLAB/Simulink 的仿真建模方法，会设置各模块的参数。

二、实验设备

（1）PC。
（2）MATLAB 7.1.0 仿真软件。

三、实验仿真

单闭环交流电动机调压调速系统仿真模型如图 5.53 所示。

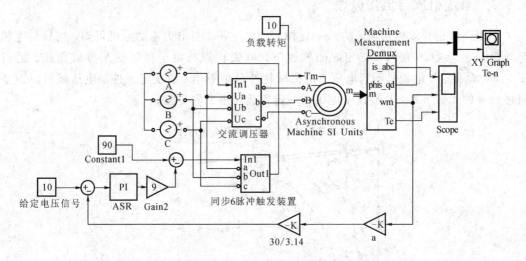

图 5.53　单闭环交流电动机调压调速系统仿真模型

1. 系统的建模与模型参数设置

1）主电路建模与参数设置

主电路由三相对称电源、晶闸管组成的三相交流调压器、交流异步电动机、电动机测量单元、负载等部分组成。

三相对称电源建模与参数设置与直流调速系统相同，也即三相电源幅值均为 220 V、频率均为 50 Hz，A 相初始相位角为 0°，B 相初始相位角为 240°，C 相初始相位角为 120°。交流电动机模块采用国际制（Asynchronous Machine SI Units），参数设置：绕组类型取鼠笼式（Squirrle-age），线电压取 380 V，频率取 50 Hz，其他参数是电动机本体模块参数的默认值。电动机测量单元模块参数设置：电动机类型取异步电动机，在定子电流、转子转速和电磁转矩选项前面打"√"（表明只观测这些物理量）。电动机负载设置为 10。

2）交流调压器的建模与参数设置

取六个晶闸管模块（路径为 SimPowerSystems/Power Electronics/Thyristor），模块符号名依次改写为 "1" "2" … "6"，按照图 5.54(a)排列。为了避免这些模块在封装时显示出测量端口，采用 Terminator 模块（路径为 Simulink/Sinks/Terminator）封装各晶闸管模块的 "m" 端（测量端），在模型的输出端口分别标上 "a" "b" "c"，模型的输入端口分别标上 "Ua" "Ub" "Uc"，晶闸管参数取默认值。取 Demux 模块，参数设置为"6"，表明有六个输出，按照图 5.54(a)连接。需要注意的是，各晶闸管的连线和 Demux 端口对应。交流调压器仿真模型封装后如图 5.54(b)所示。

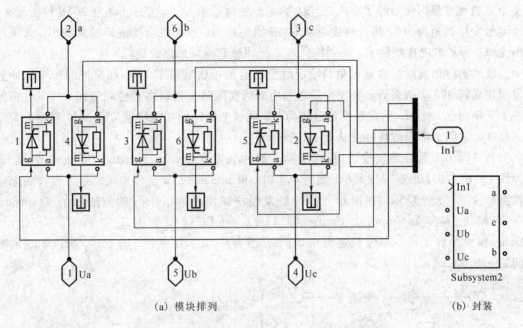

(a) 模块排列   (b) 封装

图 5.54 交流调压器仿真模型及封装后子系统

3) 控制电路仿真模型的建立与参数设置

控制电路由给定信号模块、调制器模块、信号比较环节模块、同步 6 脉冲触发装置等组成。同步 6 脉冲触发装置是采用 6 脉冲触发器(Synchronized 6-Pulse Generator,合成频率为 50 Hz)和三个电压测量模块封装而成的,封装方法与直流调速系统的相同。同步 6 脉冲触发装置模型及封装如图 5.55 所示。同步 6 脉冲触发装置的参数设置:脉冲宽度为 5,双脉冲触发。

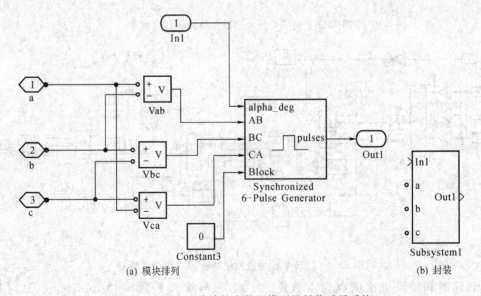

(a) 模块排列   (b) 封装

图 5.55 同步 6 脉冲触发装置模型及封装后子系统

在这里需要指出的是,对于交流调压仿真,采用同步 6 脉冲触发装置时有个缺点,就是给定的触发延迟角后移了 30°。比如,给定触发延迟角为 0°,实际上是从 30°开始仿真的;给定触发延迟角为 30°,仿真模型是从 60°开始仿真的,这样就会造成导通角减小,调压范围变窄。为了解决这个缺陷,必须把同步 6 脉冲触发模块加以改造。

既然实际仿真时触发延迟角与给定触发延迟角相比后移了 30°,如果把同步 6 脉冲触发模块延迟 330°,那么给定触发延迟角和仿真时实际触发延迟角相位就相同,只不过相差一个周期而已。比如,给定触发延迟角为 0°,同步 6 脉冲触发模块就后移 30°,若再人为地后移 330°,那么实际仿真时就从 360°(0°)开始。

打开同步 6 脉冲触发模块(鼠标指向 6 脉冲触发器(Synchronized 6-Pulse Generator)模块,然后右击,出现下拉菜单;鼠标单击"Look under mask",即出现此封装模块的原始模型),如图 5.56 所示。在同步 6 脉冲触发模块输出脉冲 pulses 的前端加个 Transport Delay 模块(路径为 Simulink/Continous/Transport Delay),如图 5.57 所示。Transport Delay 模块参数 Time delay 设定为 0.018 33(因为 0.02 s 为一个周期 360°,所以 330°的时间为 0.018 33 s)。

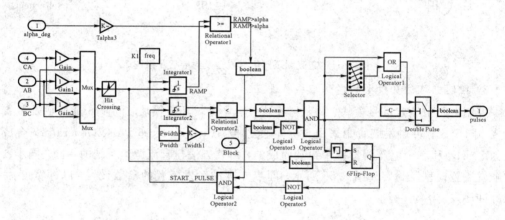

图 5.56　同步 6 脉冲触发模块内部仿真模型

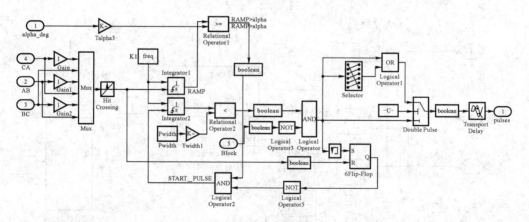

图 5.57　同步 6 脉冲触发模块改造后的仿真模型

转速调节器设置比例放大系数 K_p 为 2,积分放大系数 K_i 为 0.6,上、下限幅值为[10 −10]。

对于反馈环节，取两个 Gain 模块，一个参数设置为 30/3.14，表示把电机的角速度转化为转速；另一个参数设置为 0.01，表示系统转速反馈系数为 0.01。

2. 系统仿真参数设置

仿真选择算法为 ode23tb，仿真开始时间为 0，结束时间为 1.5 s。

3. 仿真结果

给定电压为 10 V 的仿真结果如图 5.58 所示，图（a）中波形依次为定子电流、转速和转矩；在图（b）中，为了完整地看出定子磁链的轨迹，XY Graph 模块参数设置中 x-min、x-max 和 y-min、y-max 都分别为 −1、1。

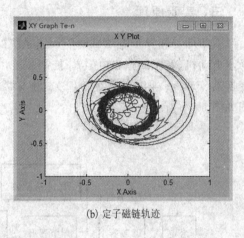

(b) 定子磁链轨迹

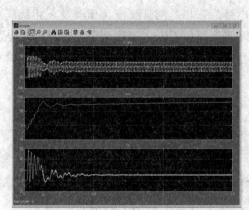

(a) 三相定子电流、转速和转矩曲线　　图 5.58　交流调压调速仿真结果

从仿真结果看，在转速从零上升过程中，电机电流较大；到电机转速稳定后，电机电流也保持不变。电机起动阶段，定子磁链波动较大；稳态后，定子磁链是个圆形。

注意：若仿真结果转速为负值，这是因为电机的电磁转矩小于负载转矩，需要重新调整电机本体或其他环节参数。另外，直流调速系统仿真时，如果电磁转矩小于负载转矩，转速降到零后，仿真就会中止。这也是交流调速系统仿真和直流调速系统仿真不同的地方。

5.6.3　双闭环三相异步电机调压调速系统 NMCL 实验台实验

一、实验目的

（1）熟悉相位控制交流调压调速系统的组成与工作。

（2）了解并熟悉双闭环三相异步电动机调压调速系统的原理及组成。

（3）了解绕线式异步电动机转子串接电阻时在调节定子电压调速时的机械特性。

（4）通过测定系统的静特性和动态特性，进一步理解交流调压系统中电流环和转速环的作用。

二、实验设备

（1）电源控制屏（MEL - 002T）。

(2) 触发电路和晶闸管主回路(NMCL-33)。

(3) 转矩转速测量及控制(NMCL-13A)。

(4) 直流调试控制单元(NMCL-18)。

(5) 调速系统控制单元(NMCL-31A)。

(6) 电机导轨及测速发电机或光电编码器(M04-A)、直流发电机(M03)。

(7) 绕线式电动机(M09)。

(8) 双踪示波器。

(9) 万用表。

三、实验原理

双闭环三相异步电动机调压调速系统的主电路为三相晶闸管交流调压器及三相绕线式异步电动机(转子回路串电阻)。控制系统由电流调节器(ACR)、速度调节器(ASR)、电流变换器(FBC)、速度变换器(FBS)、触发器(GT)和一组桥脉冲放大器等组成。其系统原理图如图 5.59 所示。

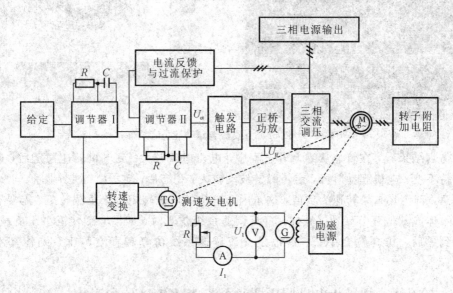

图 5.59　双闭环三相异步电动机调压调速系统原理图

整个调速系统采用了速度和电流两个反馈控制环(简称环)。这里的速度环的作用基本上与直流调速系统相同,而电流环的作用则有所不同。在稳定运行情况下,电流环对电网振动仍有较大的抗扰作用,但在起动过程中电流环仅起限制最大电流的作用,不会出现最佳起动的恒流特性,也不可能是恒转矩起动。

异步电机调压调速系统结构简单,采用双闭环系统时静差率较小,且比较容易实现正转、反转、反接和能耗制动。但在恒转矩负载下不能长时间低速运行,因为低速运行时转差功率全部消耗在转子电阻中,使转子过热。

四、实验内容

实验接线图参照图 5.60。

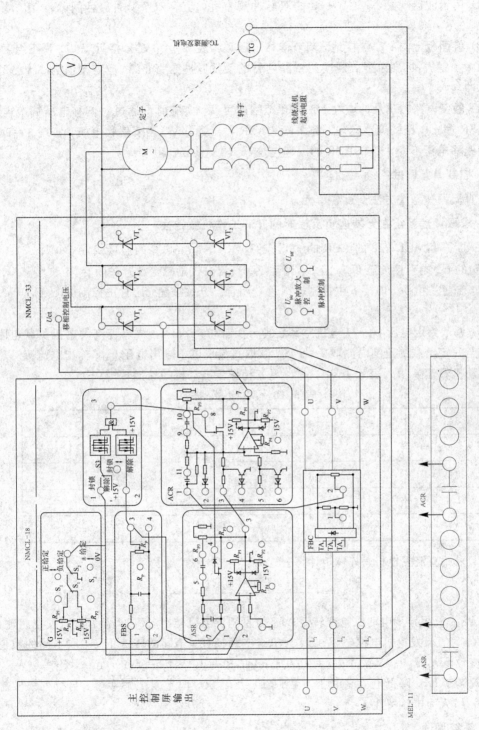

图 5.60　三相异步电动机调压调速系统接线图

1. 移相触发电路的调试(主电路未通电)

(1) 用示波器观察 NMCL - 33 的双脉冲观察孔,应有双窄脉冲,且间隔均匀、幅值相同;

(2) 将面板上的 U_{blf} 端接地,调节偏移电压 U_b,使 $U_{ct}=0$ 时 α 接近150°。将正组触发脉冲的六个键开关"接通",观察正桥晶闸管的触发脉冲是否正常(应有幅值为 1 V~2 V 的双脉冲)。

(3) 触发电路输出脉冲应在30°~90°范围内可调。实施时可通过对偏移电压调节电位器及 ASR 输出电压的调整实现。例如,使 ASR 输出为 0 V,调节偏移电压,实现 $\alpha=90°$; 再保持偏移电压不变,调节 ASR 的限幅电位器 R_{P1},使 $\alpha=30°$。

2. 控制单元调试

按直流调速系统方法调试各单元。

3. 求取调速系统在无转速负反馈时的开环工作机械特性

(1) 断开 NMCL - 18 的 ASR 的 "3" 至 NMCL - 33 的 U_{ct} 的连接线,NMCL - 31A 的 G(给定)的 U_g 端直接加至 U_{ct},且 U_g 调至零。直流电机励磁电源开关闭合。

(2) 合上主电源,即按下主控制屏绿色"闭合"开关按钮,这时主控制屏 U、V、W 端有电压输出。

(3) 调节给定电压 U_g,使电机空载转速 $n_0=1300$ r/min,调节直流发电机负载电阻,在空载至一定负载的范围内测取7~8点,读取直流发电机输出电压 U_G、输出电流 I_G 以及被测电动机转速 n 填入表 5.16 中。并计算三相异步电动机的输出转矩。

表 5.16　实 验 数 据

序　号	1	2	3	4	5	6	7	8
$n/(\text{r/min})$								
I_G/A								
U_G/V								
$M/(\text{N} \cdot \text{m})$								

注:采用直流发电机,其转矩计算公式为

$$M = \frac{9.55(I_G U_G + I_G^2 R_s + P_0)}{n}$$

式中,M 为三相异步电动机电磁转矩;I_G 为直流发电机输出电流;U_G 为直流发电机输出电压;R_s 为直流发电机电枢电阻;P_0 为机组空载损耗。不同的转速下 P_0 取不同的数值,$n=1500$ r/min,$P_0=13.5$ W;$n=1000$ r/min,$P_0=10$ W;$n=500$ r/min,$P_0=6$ W。

(4) 调节 U_g,降低电机端电压,在 $1/3U_e$ 及 $2/3U_e$ 时重复上述实验,自行列表实施,以取得一组人为机械特性。

4. 系统调试

(1) 将系统接成双闭环调压调速系统,转子回路每相仍串接 10 Ω 左右的电阻,渐加给定 U_g 至 +5 V,调节 FBS 的反馈电位器,使电机空载转速 $n_0=1300$ r/min,观察电机运行是否正常。

（2）调节 ASR、ACR 的外接电容及放大倍数调节电位器，用慢扫描示波器观察突加给定的动态波形，确定较佳的调节器参数。

5．系统闭环特性的测定

调节 U_g，使转速至 $n=1300$ r/min，从轻载按一定间隔做到额定负载，测取 6~7 点，记录 n、I_G、U_G、M 填入表 5.17 中。测出闭环静特性 $n=f(M)$。

表 5.17　实　验　数　据

序　号	1	2	3	4	5	6	7
$n/(\text{r/min})$							
I_G/A							
U_G/V							
$M/(\text{N}\cdot\text{m})$							

6．系统动态特性的观察

用慢扫描示波器观察并记录：

（1）突加给定起动电机时转速 n、电机定子电流 i 及 ASR 输出 U_{gi} 的动态波形。

（2）电机稳定运行，突加、突减负载时的 n、U_{gi}、i 的动态波形。

五、注意事项

（1）接入 ASR 构成转速负反馈时，为了防止振荡，可预先把 ASR 的 R_{P3} 电位器逆时针旋到底，使调节器放大倍数最小；同时，ASR 的"5""6"端接入可调电容（预置为 7 μF）。

（2）测取静特性时，不允许电流超过电机的额定值（0.55 A）。

（3）三相主电源连线时，不可接错相序。

（4）系统开环连接时，不允许突加给定信号 U_g 起动电机。

（5）改变接线时，必须先按下主控制屏总电源开关的"断开"红色按钮，同时使系统的给定为零。

（6）双踪示波器的两个探头地线通过示波器外壳短接，故在使用时，必须使两探头的地线同电位（只用一根地线即可），以免造成短路事故。

（7）低速实验时，实验时间应尽量短，以免电阻器过热引起串接电阻数值的变化。

（8）绕线式异步电动机：$P_N=100$ W，$U_N=220$ V，$I_N=0.55$ A，$n_N=1350$，$M_N=0.68$，Y 接法。

六、实验报告

（1）根据实验数据，画出开环时的电机人为机械特性。

（2）根据实验数据，画出闭环系统静特性，并与开环特性进行比较。

（3）根据记录下的动态波形分析系统的动态过程。

5.7　双闭环三相异步电机串级调速系统实验

5.7.1　系统组成与工作原理

　　三相异步电动机的电气串级调速系统是在异步电机转子回路中附加交流电动势，其调速的关键就是在转子侧串入一个可变频、可变幅的电压。比较方便的办法是将转子电压先整流成直流电压，然后引入一个附加的直流电动势，控制此直流附加电动势的幅值，就可以调节异步电动机的转速。从节能的角度看，产生附加直流电动势的装置能够吸收从异步电动机转子侧传递来的转差功率并加以利用。整个系统采用工作在有源逆变状态的晶闸管可控整流装置，作为产生附加直流电动势的电源。三相异步电机串级调速系统的原理图如图 5.61 所示。

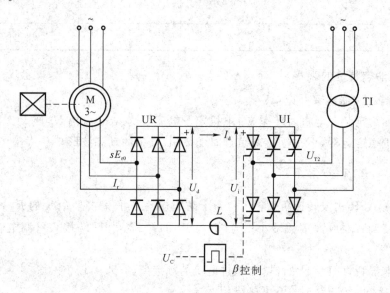

图 5.61　电气串级调速系统原理图

　　UR 为三相不可控整流装置，将异步电机转子相电动势 sE_{r0} 整流为直流电压 U_d。UI 为三相可控整流装置，工作在有源逆变状态，可提供可调的直流电压 U_i，作为电机调速所需的附加直流电动势；可将转差功率变换成交流功率，回馈到交流电网。满足：

$$U_d = U_i + I_d R$$
$$K_1 sE_{r0} = K_2 U_{T2} \cos\beta + I_d R$$
$$K_1 = K_2 = 2.34$$

式中，I_d 和电动机转子交流电流 I_r 之间有固定的比例关系，它近似地反映了电动机电磁转矩的大小；β 是控制变量。

5.7.2　双闭环三相异步电机串级调速系统 MATLAB/Simulink 仿真实验

一、实验目的

　　(1) 加深理解双闭环三相异步电机串级调速系统的工作原理。

(2) 掌握双闭环三相异步电机串级调速系统 MATLAB/Simulink 的仿真建模方法，会设置各模块的参数。

二、实验设备

(1) PC。
(2) MATLAB 7.1.0 仿真软件。

三、实验内容

双闭环三相异步电机串级调速系统的仿真模型如图 5.62 所示。

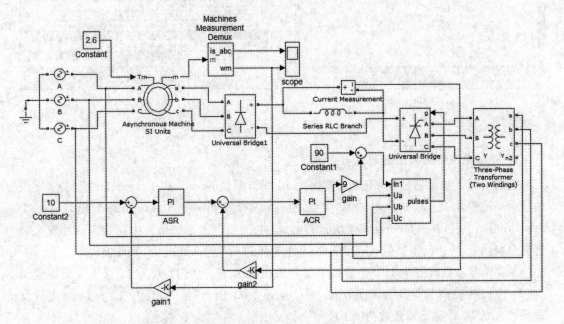

图 5.62　双闭环三相异步电动机串级调速系统的仿真模型

1. 主电路仿真模型的建立与参数设置

主电路由三相电源、绕线转子异步电动机、桥式整流电路、电感、逆变器及逆变变压器等组成。

电源模块就是取交流电压源模块 AC Voltage Source，参数设置与前面相同，不再赘述。异步电动机模块取 Asynchronous Machine，参数设置：绕线转子异步电动机 (Wound)，线电压为 380 V，频率为 50 Hz，其他参数为默认值。整流桥模块取 Universal Bridge，参数设置：电力电子器件为 Diodes，其他参数为默认值。逆变桥 Universal Bridge (路径为 SimPowerSystems/Power Electronics/Universal Bridge)参数设置：电力电子器件为 Thyristors，其他参数亦为默认值。平波电抗器 Series RLC Branch(路径为 SimPower-Systems/Elements/Series RLC Branch)参数设置：Branch type 为 L，Inductance(H) 为 1e−3。逆变变压器路径为 SimPowerSystems/Elements/Three-Phase Transformer(Two Windings)，参数设置如图 5.63 所示。

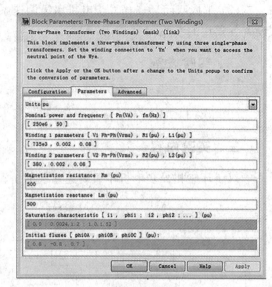

(a) Configuration　　　　　　　　　(b) Parameters

图 5.63　逆变变压器参数设置

2. 控制电路仿真模型的建立与参数设置

控制电路由给定信号(Constant 模块)、PI 调节器(Discrete PI Controller 模块)、比较信号(Sum 模块)、同步 6 脉冲发生装置(由三个 Voltage Measurement 模块、一个 Synchronized 6-Pulse Generator 模块封装而成,与直流调速系统仿真中同步 6 脉冲发生装置完全相同)、转速反馈信号(Gain 模块)和电流反馈信号(Gain 模块)等组成。

给定信号参数设置为 10。转速调节器参数设置为 $K_p=0.1$,$K_i=1$,上、下限幅值为 $[10\ -10]$。电流调节器参数设置为 $K_p=0.1$,$K_i=1$,上、下限幅值为 $[10\ -10]$。电流反馈系数为 0.1,转速反馈系数为 0.01。

由于同步 6 脉冲触发装置的输入信号是触发延迟角,因此整流桥处于逆变状态时导通角范围为 $90°\leqslant\alpha\leqslant180°$。由于从速度调节器输出信号的数值可能小于 $90°$而处于整流状态,因此在仿真中电流调节器输出信号不能直接连接同步触发器输入端,必须经过适当转换,使得电流调节器输出信号同逆变桥的输出电压对应。即当电流调节器输出信号为 0 时,整流桥的逆变电压为 0,当限幅器输出达到限幅 U_i^*(10 V)时,整流桥输出电压为最大值 $U_{d0(max)}$。电路转换仿真模型如图 5.64 所示。

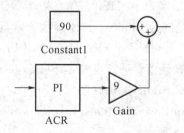

图 5.64　电路转换仿真模型

　　从转换模块可知，当电流调节器 ACR 输出电压为 0 时，同步 6 脉冲触发器的输入信号 α 为 90°，逆变桥的输出电压为 0；当电流调节器 ACR 输出为最大限幅(10 V)时，同步 6 脉冲触发器的输入信号为 180°，逆变桥的输出电压为 $U_{d0(\max)}$。

　　仿真时，选择仿真算法为 ode23tb，仿真开始时间为 0，结束时间为 5 s。仿真结果如图 5.65 所示，图中波形依次为定子三相电流"is_abc"和绕线转子异步电动机转速"ωm"。

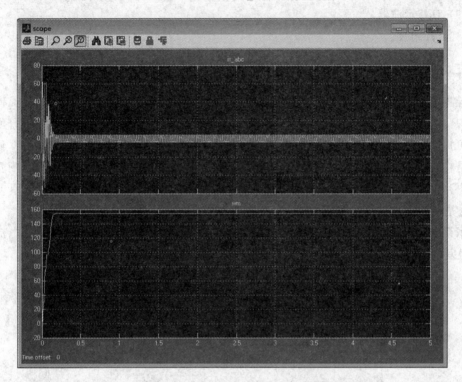

图 5.65　绕线转子异步电动机双馈调速系统的仿真结果

　　从仿真结果看，在异步电动机转速上升阶段，定子电流波动比较大；当转速稳定下来后，定子电流也随之稳定。

5.7.3　双闭环三相异步电机串级调速系统 NMCL 实验台实验

一、实验目的

（1）熟悉双闭环三相异步电动机串级调速系统的组成及工作原理。

（2）掌握串级调速系统的调试步骤及方法。

（3）了解串级调速系统的静特性与动态特性。

二、实验设备

（1）电源控制屏（MEL - 002T）。

（2）触发电路和晶闸管主回路（NMCL - 33）。

（3）转矩转速测量及控制（NMCL - 13A）。

(4) 直流调速控制单元(NMCL - 18)。

(5) 调速系统控制单元(NMCL - 31A)。

(6) 三相变压器(NMCL - 35)。

(7) 电机导轨及测速发电机或光电编码器(M04 - A)、直流发电机(M03)。

(8) 绕线式电动机(M09)。

(9) 双踪示波器。

(10) 万用表。

三、实验原理

异步电动机串级调速系统是较为理想的节能调速系统,采用电阻调速时转子损耗为 $P_s = sP_M$,这说明随着 s 的增大效率 η 降低,如果能把 P_s(也称转差功率)的一部分回馈电网就可提高电机调速时效率。串级调速系统采用了在转子回路中附加电势的方法,通常的做法是将转子三相电动势经二极管三相桥式不可控整流得到一个直流电压,由晶闸管有源逆变电路来改变转子的反电动势,从而方便地实现无级调速,并将多余的能量回馈至电网。这是一种比较经济的调速方法。

本系统为晶闸管双闭环异步电动机串级调速系统,控制系统由速度调节器、电流调节器、触发电路、正桥功放、转速变换等组成。其系统原理图如图 5.66 所示。

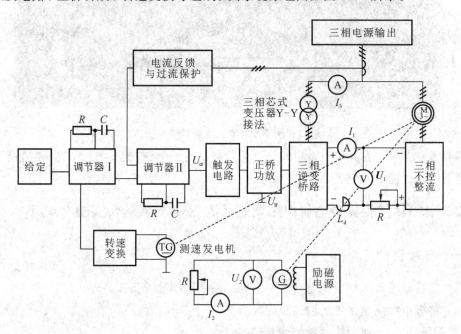

图 5.66　异步电动机串级调速系统原理图

四、实验内容

实验接线图参照图 5.67。

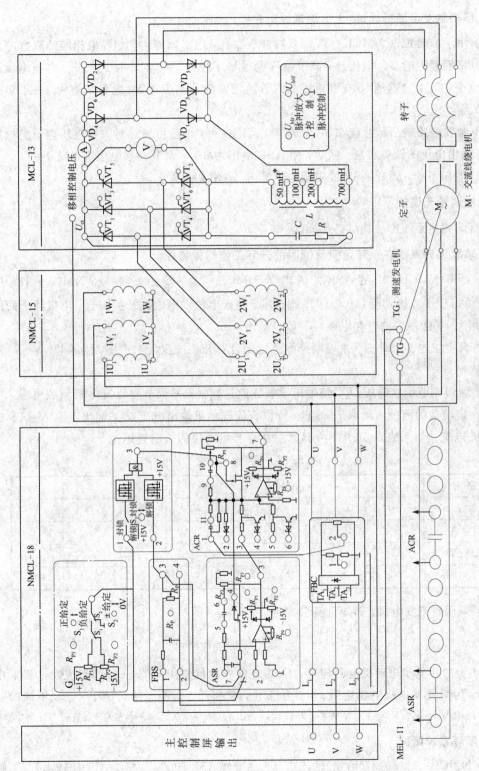

图 5.67　闭环三相异步电动机串级调速系统接线图

1. 移相触发电路的调试(主电路未通电)

(1) 用示波器观察 NMCL-33 的双脉冲观察孔,应有间隔均匀、幅值相同的双脉冲。

(2) 将面板上的 U_{blf} 端接地,调节偏移电压 U_b,使 $U_{ct}=0$ 时 α 接近 150°。将正组触发脉冲的六个键开关"接通",观察正桥晶闸管的触发脉冲是否正常(应有幅值为 1~2 V 的双脉冲)。

(3) 触发电路输出脉冲应在 30°≤β≤90°范围内可调。这可通过对偏移电压调节电位器及 ASR 输出电压的调整实现。例如,使 ASR 输出为 0 V,调节偏移电压,实现 $\beta=30°$;再保持偏移电压不变,调节 ASR 的限幅电位器 R_{P1},使 $\beta=90°$。

2. 控制单元调试

按直流调速系统方法调试各单元。

3. 求取调速系统在无转速负反馈时的开环工作机械特性。

(1) 断开 NMCL-18 的 ASR 的"3"至 NMCL-33 的 U_{ct} 的连接线,NMCL-31A 的 G(给定)的 U_g 端直接加至 U_{ct},且 U_g 调至零。直流电机励磁电源开关闭合,电机转子回路接入每相为 10 Ω 左右的三相电阻。

(2) 合上主电源,即按下主控制屏绿色"闭合"开关按钮,这时主控制屏 U、V、W 端有电压输出。

(3) 缓慢调节给定电压 U_g,使电机空载转速达到最高;调节直流发电机负载电阻,在空载至一定负载的范围内测取 7~8 点,读取直流发电机输出电压 U_G、输出电流 I_G 以及被测电动机转速 n 填入表 5.18 中,并计算三相异步电动机的输出转矩。

表 5.18　实 验 数 据

序 号	1	2	3	4	5	6	7	8
$n/(\mathrm{r/min})$								
I_G/A								
U_G/V								
$M/(\mathrm{N \cdot m})$								

注:采用直流发电机,转矩计算公式为

$$M=\frac{9.55(I_G U_G + I_G^2 R_s + P_0)}{n}$$

式中,M 为三相异步电动机电磁转矩;I_G 为直流发电机输出电流;U_G 为直流发电机输出电压;R_s 为直流发电机电枢电阻;P_0 为机组空载损耗。在不同的转速下 P_0 取不同的数值:$n=1500$ r/min,$P_0=13.5$ W;$n=1000$ r/min,$P_0=10$ W;$n=500$ r/min,$P_0=6$ W。

4. 闭环系统调试

(1) NMCL-31A 的 G(给定)输出电压 U_g 接至 ASR 的"2"端,ACR 的输出"7"端接至 U_{ct}。

(2) 调节 U_g,使 ACR 饱和输出;调节限幅电位器 R_{P1},使 $\beta=30°$。

（3）合上主电源。调节给定电压 U_g，使电机空载转速 $n_0 = 1300$ r/min，观察电机运行是否正常。调节 ASR、ACR 的外接电容及放大倍数调节电位器，用慢扫描示波器观察突加给定的动态波形，确定较佳的调节器参数。

5．双闭环串级调速系统静特性的测定

调节给定电压 U_g，使电机空载转速 $n_0 = 1300$ r/min；调节直流发电机负载电阻，在空载至额定负载的范围内测取 7～8 点，读取直流发电机输出电压 U_G、输出电流 I_G 以及被测电动机转速 n 填入表 5.19 中。

表 5.19　实验数据

序　号	1	2	3	4	5	6	7	8
$n/(\text{r/min})$								
I_G/A								
U_G/V								
$M/(\text{N}\cdot\text{m})$								

6．系统动态特性的测定

用慢扫描示波器观察并用示波器记录：

（1）突加给定起动电机时的转速 n、定子电流 i 及输出 U_{gi} 的动态波形。

（2）电机稳定运行时，突加、突减负载时的 n、I、U_{gi} 的动态波形。

五、注意事项

（1）本实验是利用串调装置直接起动电机，不再另外附加设备，所以在电动机起动时，必须使晶闸管逆变角 β 处于 $\beta_{\min}$ 位置；然后才能加大 β 角，使逆变器的逆变电压缓慢减少，电机平稳加速。

（2）本实验中，α 角的移相范围为 $90°\sim150°$。注意，不可使 $\alpha<90°$，否则易造成短路事故。

（3）接线时，注意绕线电机的转子有 4 个引出端，其中 1 个为公共端，不需接线。

（4）接入 ASR 构成转速负反馈时，为了防止振荡，可预先把 ASR 的 R_{P3} 电位器逆时针旋到底，使调节器放大倍数最小；同时，ASR 的"5""6"端接入可调电容（预置为 7 μF）。

（5）测取静特性时，不允许电流超过电机的额定值（0.55 A）。

（6）三相主电源连线时需注意，不可接错相序。逆变变压器采用 NMCL-35 三相芯式变压器的高压绕组和中压绕组（注意，不可接错）。

（7）系统开环连接时，不允许突加给定信号 U_g 起动电机。

（8）改变接线时，必须先按下主控制屏总电源开关的"断开"红色按钮，同时使系统的给定为零。

（9）双踪示波器的两个探头地线通过示波器外壳短接，故在使用时，必须使两探头的地线同电位（只用一根地线即可），以免造成短路事故。

（10）绕线式异步电动机：$P_N=100$ W，$U_N=220$ V，$I_N=0.55$ A，$n_N=1350$，$M_N=0.68$，Y 接法。

六、实验报告

（1）根据实验数据，画出开环、闭环系统静特性 $n = f(M)$，并进行比较。

（2）根据动态波形分析系统的动态过程。

5.8　三相异步电机变频调速系统实验

5.8.1　系统组成与工作原理

变压变频调速是改变异步电动机同步转速的一种调速方法，同步转速随频率而变化。三相异步电动机的同步转速为

$$n_1 = \frac{60f_1}{n_p} = \frac{60\omega_1}{2\pi n_p}$$

异步电动机的实际转速为

$$n = (1-s)n_1 = n_1 - sn_1 = n_1 - \Delta n$$

稳态速降 $\Delta n = sn_1$ 随负载大小变化，只要控制三相异步电动机定子电动势与定子电压 $U_s \approx E_g = 4.44f_1N_sK_{Ns}\Phi_m$，便可控制气隙磁通。

在基频以下调速时，当异步电动机在基频（额定频率）以下运行时，如果磁通太弱，即没有充分利用电机的铁芯，这是一种浪费；如果磁通过大，又会使铁芯饱和，从而导致过大的励磁电流，严重时还会因绕组过热而损坏电机。在基频以上调速时，频率向上升高，受到电机绝缘耐压和磁路饱和的限制，定子电压不能随之升高，最多只能保持额定电压不变。这将导致磁通与频率成反比地降低，使得异步电动机工作在弱磁状态。

把上述基频以下和基频以上两种情况的控制特性图画在一起，如图 5.68 所示。在基频以下，由于磁通恒定，允许输出转矩也恒定，属于恒转矩调速方式。在基频以上，转速升高时磁通减小，允许输出转矩也随之降低；由于转速上升，允许输出功率基本恒定，属于近似的恒功率调速方式。

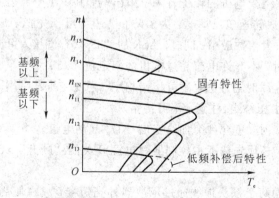

图 5.68　异步电动机变频调速机械特性

变频调速系统原理框图如图 5.69 所示。它由交-直-交电压源型变频器、16 位单片机 80C196MC 所构成的数字控制器、控制键盘与运行指示、磁通测量与保护环节等部分组成。

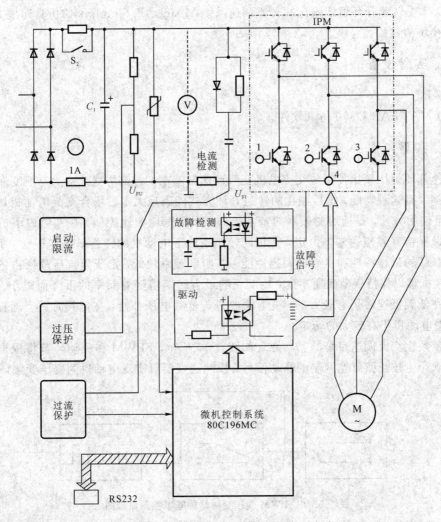

图5.69　变频调速系统原理框图

逆变器功率器件采用智能功率模块 IPM（Intelligent Power Modules），型号为 PM10CSJ060（10A/600V）。IPM 是一种由六个高速、低功耗的 IGBT 与优化的门极驱动和各种保护电路集成为一体的混合电路器件。由于 IPM 采用了能连续监测电流的有传感功能的 IGBT 芯片，因而可实现高效的过流和短路保护。同时，IPM 还集成了欠压锁定和过流保护电路。该器件的使用，使变频系统硬件简单紧凑，并提高了系统的可靠性。数字控制器采用 Intel 公司专为电机高速控制而设计的通用性 16 位单片机 80C196MC。它由一个 C196 核心、一个三相波形发生器以及其他片内外设构成。其他片内外设中包含有定时器、A/D 转换器、脉宽调制单元与事件处理阵列等。

5.8.2　恒压频比控制的异步电动机调速系统 MATLAB/Simulink 仿真实验

一、实验目的

（1）加深理解转速开环恒压频比的交流调速系统的工作原理。

（2）掌握转速开环恒压频比的交流调速系统 MATLAB/Simulink 的仿真建模方法，会设置各模块的参数。

二、实验设备

（1）PC。

（2）MATLAB 7.1.0 仿真软件。

三、实验内容

转速开环恒压频比控制是交流电机变频调速最基本的控制方式之一，一般变频调速系统装置都带有这种功能。恒压频比的转速开环方式能满足大多数场合交流电动机调速控制要求，且使用方便，是通用变频器的基本模式。采用恒压频比控制，在基频以下的调速过程都可以保持气隙磁通基本恒定，在相同转矩条件下电动机的转差率基本不变，所以电动机有较"硬"的机械特性和良好的调速性能。但如果频率较低，定子阻抗压降所占的比重较大，电动机难以保持气隙磁通不变，电动机的最大转矩将随着频率的下降而减小。为了使电动机在低频低速时仍有较大的转矩，需要进行低频电压补偿，在低频时适当地提高定子电压，使电动机仍有较大的转矩。

恒压频比交流调速系统的基本原理如图 5.70 所示。SPWM 和驱动环节将根据频率和电压要求产生按正弦脉宽调制的驱动信号，控制逆变器以实现电动机的变压变频调速。

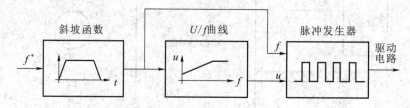

图 5.70　PWM 变压变频器的基本控制原理图

对于频率设定，必须通过给定积分算法产生平缓的升速或降速信号，以限制系统起动和制动电流；升速和降速的积分时间可以根据负载需要确定。

转速开环变频调速系统的仿真模型如图 5.71 所示。

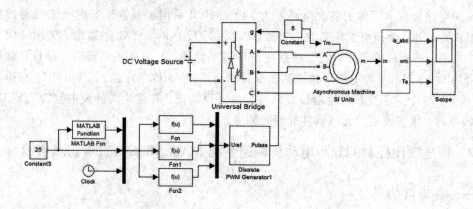

图 5.71　转速开环恒压频比的交流调速系统仿真模型

1. 主电路模型的建立与参数设置

主电路是由电动机本体模块、逆变器模块（路径：Simpowersystems/Power Electronics/Universal Bridge）、直流电源模块、负载转矩等组成。

交流电机模块采用国际制，电动机本体的参数设置为：绕组类型选择鼠笼式（Squirrel-cage），线电压取为 380 V，频率取为 50 Hz，其他参数是电动机本体模块参数的默认值。电机测量单元模块参数设置为：电机类型选择异步电动机，在定子电流、转子转速和电磁转矩选项前打"√"（表明只观测这些物理量）。

逆变器模块选用 Universal Bridge，在参数设置的对话框中桥臂数（Number of bridge arms）取 3，电力电子器件取 IGBT/Diodes，其他参数为默认值。

直流电源模块参数设置为 780 V；负载取 5。

2. 控制电路模型建立与参数设置

控制电路是由给定信号模块 Constant、MATLAB Fcn 模块、Fcn 模块和 Discrete PWM Generator 模块等组成。给定信号为频率 25 Hz，从前面章节分析可知，当电源频率下降到低频时，电压不能同步下降，以补偿定子阻抗造成的压降，如图 5.72 所示。当频率大于或等于 50 Hz 时，电源相电压为 220 V；当频率低于 50 Hz 时，电源相电压随着频率降低而不能同步降低，故在频率为 0 处设定电压为 50 V。

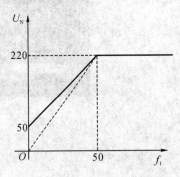

图 5.72　频率与电压关系曲线

控制电路仿真模型可以采用 MATLAB Fcn 模块，其参数设置为 chenzhong 22，m 函数文件程序如下：

```
Function y=chenzhong22(f)
if(y>=50)
y=220
else
y=(17/5)*f+50
end
```

把 m 文件和控制电路仿真模型存储在同一个文件夹中。但由于采用 MATLAB Fcn 模块，会使仿真速度变慢，因此本次仿真采用 Look-Up Table 模块，其路径为 Simulink/Lookup Tables/Lookup Table，参数设置如下：Vector of input Values 为[0　50]，Vector of output Values 为[50　3.4　220]，表明输入的频率为 0～50 Hz，输出电压为 50 V～220 V。

Fcn 模块的路径为 Simulink/User – Defined Functions/Fcn，从 Mux 模块输出的三个信号向量分别是电压、频率和时间，Fcn、Fcn1、Fcn2 的参数分别设置为 u(1)*sin(u(2)*6.28*u(3))/220、u(1)*sin(u(2)*6.28*u(3)+4*3.14/3)/220、u(1)*sin(u(2)*6.28*u(3)+2*3.14/3)/220，其中 u(1)表示电源相电压，u(2)表示频率，u(3)表示时间。

时钟模块参数设置为 Decimation 10。

Discrete PWM Generator 模块参数设置中，把对话框里的"Internal generation of modulating signal(s)"前面复选框的"√"去掉，Generator Mode 选为"3-arm bridge(6 pluses)"，其他参数为默认值。

选择仿真算法为 ode23tb，仿真开始时间为 0、结束时间为 5 s。

仿真结果如图 5.73 所示，图中波形依次为三相电流"iabc"、异步电动机转速"n"和电磁转矩"Te"。从仿真结果看，转速很快达到稳态，但转速波动较大。

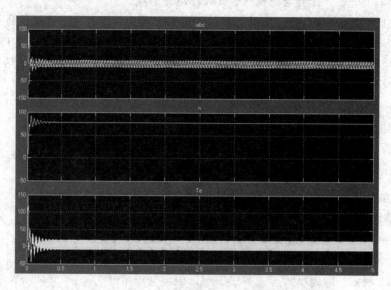

图 5.73　转速开环恒压频比的交流调速系统仿真波形

第 6 章　交流电动机矢量控制系统仿真实验

6.1　矢量控制原理简介

异步电动机的动态数学模型是一个高阶、非线性、强耦合的多变量系统，虽然通过坐标变换可以使之降阶并化简，但并没有改变其非线性、多变量的本质。当需要异步电动机调速系统具有高动态性能时，却要必须面向该动态数学模型。经过多年的潜心研究，有几种控制方案已经获得了成功的应用，目前应用最多的方案有按转子磁链定向的矢量控制系统和按定子磁链控制的直接转矩控制系统等。

以产生同样的旋转磁动势为准则，在三相坐标系上的定子交流电流 i_A、i_B、i_C 通过 3/2 变换可以等效成两相静止正交坐标系上的交流电流 i_α 和 i_β；再通过坐标旋转变换，可以等效成同步旋转正交坐标系上的直流电流 i_d 和 i_q。由于直流电流 i_d 和 i_q 相互垂直，因此交流异步电动机就和直流电动机有类似之处。若把 d 轴定位于转子总磁链矢量 ψ_r 的方向上，称为 M 轴，把 q 轴称为 T 轴，则 M 绕组相当于直流电动机的励磁绕组，i_m 相当于励磁电流；T 绕组相当于直流电机的电枢绕组，i_t 相当于与转矩成正比的电枢电流。

既然异步电动机经过坐标变换可以等效成直流电动机，那么模仿直流电动机的控制策略，得到直流电动机的控制量，经过相应的坐标反变换，就能够控制异步电动机了。因为进行坐标变换的是电流的空间矢量，所以通过坐标变换实现的控制系统就叫作矢量控制系统（VC系统）。VC系统的原理结构如图 6.1 所示，图中给定和反馈信号经过类似于直流调速系统所用的控制器，产生励磁电流的给定信号 i_m^* 和电枢电流的给定信号 i_t^*，经过反旋转变换得到 i_α^* 和 i_β^*，再经过 2/3 变换得到 i_A^*、i_B^*、i_C^*，把这三个电流控制信号和由控制器得到的频率信号 ω_1 加到电流控制的变频器上，即可输出异步电动机调速所需的三相变频电流。

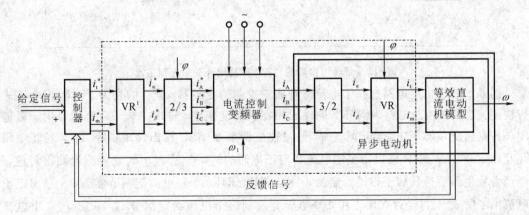

图 6.1　矢量控制系统原理结构图

在设计矢量控制系统时，如果忽略变频器可能产生的滞后，并认为在控制器后面的反

旋转变换器 VR^{-1} 与电动机内部的旋转变换环节 VR 相抵消，2/3 变换器与电动机内部的 3/2 变换环节相抵消，则图中虚线框内部分可以删去，而把输入或输出信号直接连接起来，就能达到和直流调速系统一样的性能指标。

　　上述只是矢量控制的基本思路，其中的矢量变换包括三相-两相变换和同步旋转变换，如果取 d 轴沿着转子总磁链矢量 $\boldsymbol{\psi}_r$ 方向，称为 M 轴；而 q 轴为逆时针转 $90°$（即垂直于矢量 $\boldsymbol{\psi}_r$），称为 T 轴，这样的两相同步旋转坐标系就具体规定为 $M-T$ 坐标系，即按转子磁链定向的旋转坐标系。

　　要实现按转子磁链定向的系统，关键是要获得转子磁链信号，以供磁链反馈以及除法环节的需要。现在的实用系统中，多采用间接计算方法，即利用容易测得的电压、电流或转速等信号，借助于转子磁链模型，实时计算磁链的幅值和相位。

　　为了克服磁链开环的缺点，做到磁链恒定，可采用转速、磁链闭环控制的矢量控制，即直接矢量控制。此系统在转速环内增设控制内环，如图 6.2 所示，ASR、AΨR 和 ATR 分别为转速调节器、磁链调节器和转矩调节器，ω 为测速反馈环节。转矩内环有助于解耦，是因为磁链对控制对象的影响相当于扰动，转矩内环可以抑制这个扰动，从而改造了转速子系统。图中的"电流变换和磁链观测"环节就是转子磁链的计算模型，其输出的转子磁链信号除用于磁链闭环外，还在反馈转矩 T_e 的运算中用到。

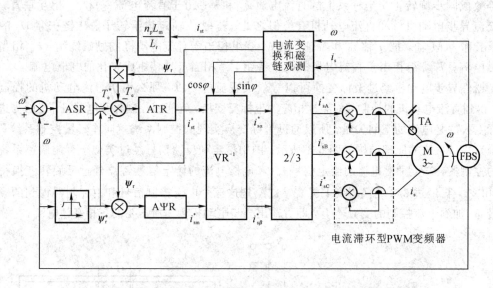

图 6.2　带转矩内环的转速、磁链闭环矢量控制系统

　　图 6.2 的输出主电路选择了电流滞环跟踪控制的变频器，其目的是为了对输出电流进行控制。电流变换及磁链观测环节的输出用在旋转变换中，输出的转子磁链信号用于磁链闭环控制和反馈转矩中。给定转速 ω^* 经过速度调节器 ASR 输出转矩指令 T_e^*，经转矩闭环及转矩调节器 ATR 输出得到的电流为定子电流的转矩分量 i_{st}^*；转速传感器测得转速 ω 经函数发生器后得到转子磁链给定值 ψ_r^*，经磁链闭环后，经过磁链调节器 AΨR 输出定子电流给定值 i_{sm}^*，再经过 VR^{-1} 和 2/3 坐标变换到定子电流给定信号 i_{sA}^*、i_{sB}^*、i_{sC}^*，由电流滞环逆变器来跟踪三相电流指令，实现异步电动机磁链闭环的矢量控制。系统中还画出了转速正、反向和弱磁升速环节，磁链给定信号由函数发生程序获得，转速调节器的输出作

为转矩给定信号，弱磁时它也受到磁链给定信号的控制。

按转子磁链定向的转速、磁链闭环控制的矢量控制系统仿真，从定性上说明矢量控制的可行性。把三相异步电动机的数学模型经过坐标变换后，变换成直流电机模型。在按转子磁链定向的矢量控制时，通过除法环节使得两个子系统解耦，提高了系统控制性能。但进行控制时，必须知道转子磁链信号，由于转子磁链检测在工艺上存在不少困难，因此用转子磁链模型来代替实际转子磁链信号，可根据易测的电机电流、电压和转速等物理量通过适当的运算来算出转子磁链。可见，磁链观测器是否准确是关系到矢量控制的一个重要因素。转子磁链模型有电流和电压模型两种，本次仿真是采用转子磁链电流模型。

6.2 转速、磁链闭环控制的矢量控制系统仿真实验

一、实验目的

(1) 深入理解转速、磁链闭环控制的矢量控制系统的工作原理。

(2) 掌握系统调节器的工程设计方法，可对系统进行综合分析。

(3) 能够在 MATLAB 编程环境下建立较复杂的控制系统仿真模型，培养一定的计算机应用能力及工程设计能力。

二、实验设备

(1) PC。

(2) MATLAB 7.1.0 仿真软件。

三、实验内容

按转子磁链定向的转速、磁链闭环控制的矢量控制系统仿真模型如图 6.3 所示。

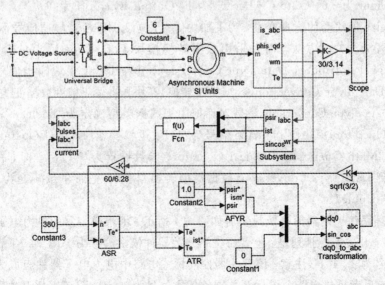

图 6.3 转速、磁链闭环控制的矢量控制系统仿真模型

1. 主电路建模与参数设置

主电路由电动机本体模块 Asychronous Machine SI Units、逆变器 Universal Bridge、直流电源 DC Voltage、负载转矩 Constant 和电动机测量单元模块 Machines Measurement Demux 等组成。

对于电动机本体模块参数，为了使后面参数设置能够更好地理解，特把电动机本体参数写出。其参数设置为交流异步电动机、线电压 380 V、频率 50 Hz、二对极；$R_s=0.435\ \Omega$、$L_{ls}=0.002\ H$、$R'_r=0.816\ \Omega$、$L'_{lr}=0.002\ H$、$L_m=0.069\ H$、$J=1.9\mathrm{kg\cdot m^2}$，也即除线电压、频率和转动惯量 J 改动外，其他参数均为默认值；定子绕组自感 $L_s=L_m+L_{ls}=0.071\ H$，转子绕组自感 $L_r=L_m+L'_{lr}=0.071\ H$，转子时间常数 $T_R=\dfrac{L'_r}{R'_r}=0.087$。逆变器参数设置为：桥臂数取 3，电力电子器件确定为 IGBT/Diodes，其他参数为默认值。电源参数设置为 780 V，电动机测量单元模块参数设置为异步电动机，检测的物理量有定子电流、转速和转矩等，负载转矩取 6。

2. 控制电路建模与参数设置

1）滞环脉冲发生器

滞环脉冲发生器是由 Sum 模块、Relay 模块、Logical Operator 模块和 Data Type Conversion 模块等组成的。

Sum 模块参数设置：把模块形状改成矩形（形状改变对仿真无任何影响），在参数对话框上把信号的相互作用写成"－＋"即可。

Relay 具有继电性质，路径为 Simulink/Discontinuities/Relay。Relay 模块参数设置主要是对环宽的选择，取大可能造成电流波形误差大，取小虽然使输出电流跟踪效果好，但也会使开关频率增大，开关损耗增加。本次仿真环宽设定为 12，也即 Switch on Point 为 6，Switch off Point 为－6，Output when on 为 1，Output when off 为 0。

由于 Relay 模块会使仿真变慢，为了加快仿真，逆变器下桥臂导通信号不采用 Gain 模块、参数设置为－1 的方法，而是采用数据转换模块 Data Type Conversion，其路径为 Simulink/Signal Attributes/Data Type Conversion。由于 Relay 模块输出信号是双精度数据，因此用 Data Type Conversion（数据类型转换）模块，使得双精度数据变为数字信号（布尔量），在 Data Type Conversion 参数对话框中把数据类型确定为"boolean"；再用逻辑操作（Logical Operator）模块使上下臂桥信号为"反"。逻辑操作（Logical Operator）模块路径为 Simulink/Math Operations/Logical Operator，参数设置为"NOT"，即非门取"反"。最后，再次用到 Data Type Conversion（数据类型转换）模块，把布尔量转变为双精度数据，参数设置为"double"。

电流滞环跟踪控制器模型及封装后如图 6.4 所示。由于逆变器中电力电子器件 IGBT/Diodes 中 6 个开关器件排列是：上臂桥三个开关器件依次编号为 1、3、5，下臂桥三个开关器件依次编号为 2、4、6（注意，该开关器件同桥式电路中电力电子器件组成为二极管或晶闸管的不同，后者桥式电路上臂桥开关器件依次编号为 1、3、5，下臂桥开关器件依次编号为 4、6、2），因此信号线不能任意连接，必须按照图 6.4 中连接才是正确的。

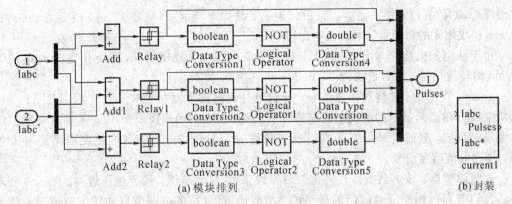

(a) 模块排列　　　　　　　　　　　　　　　(b) 封装

图 6.4　滞环脉冲发生器模型及封装后子系统

2) 磁链观测模型

电流变换与磁链观测仿真模型及封装如图 6.5 所示,下面介绍磁链观测模型各部分模块建立与参数设置。

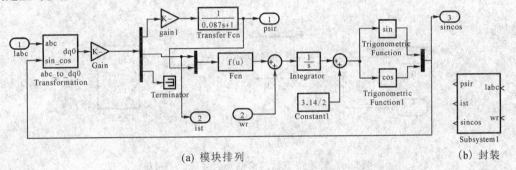

(a) 模块排列　　　　　　　　　　　　　　　(b) 封装

图 6.5　电流变换与磁链观测仿真模型及封装后的子系统

从三相到两相坐标变换时,因为幅值是不同的(相差 $\sqrt{3/2}$ 倍数),所以在 abc_dq0 模块后加一个 Gain 模块,参数设置为 $\sqrt{3/2}$;从 Demux 模块出来 3 个量,从上到下依次为 d 轴、q 轴和 0 轴物理量 i_{sm}、i_{st} 和 i_0,由于不需要 0 轴的物理量 i_0,因此用 Terminator 模块把第三个信号(也即 0 轴电流)封锁。最上面的物理量为 d 轴电流 i_{sm},将其乘以 $L_m=0.069$ 后再加入 Transfer Fcn 模块(路径为 Simulink/Continuous/Transfer Fcn),参数设为 Numerator[1],Denominator[0.087 1],其中 $T_r=0.087$,就得到转子磁链 ψ_r。

在 Fcn 模块参数对话框中,参数设定为 $0.069 * u(1)/(u(2) * 0.087 + 1e-3)$,其中 0.069 是 L_m 数值,$u(1)$ 是 i_{st} 信号,$u(2)$ 是 ψ_r 信号,0.087 是 T_r 数值,由于 $u(2)$ 是变量,为了防止在仿真过程中分母出现 0 而使仿真中止,需要在分母中加入 1e-3,即 0.001。

从 Fcn 输出的信号为 ω_s,它同转速信号 ω_r 相加后就成为定子频率信号 ω_1;用 Integrator(路径为 Simulink/Continuous/Integrator)模块对定子频率信号积分后再加 90°,就是同步旋转相位角信号;用 Trigonometric Function 模块(路径为 Simulink/Math Operations/Trigonometric Function)进行正弦、余弦运算,在 Function 后面编辑框中分别设置 sin 和 cos,就可得 sin_cos 端输入信号。

3) 其他控制模块参数设置

为了抑制转子磁链和电磁转矩的耦合,也是采用 Fcn 模块,函数定义为 $n_p * L_m * u(1) *$

$u(2)/L_r$，其中 $u(1)$ 为转子磁链 ψ_r，$u(2)$ 为 i_{st}，具体可写成 $2*0.069*u(1)*u(2)/0.071$。从 Fcn 模块出来的物理量为电动机电磁转矩 T_e。

由于从电动机检测单元出来的转速信号单位为 ω，故用 Gain 模块使它变为单位为 r/min 的转速信号，参数设置为 $60/6.28$，再连接到 ASR 端口。

给定信号有转子磁链和转速信号，分别经过磁链调节器、ASR、ATR 后通过 dq0_abc 模块变成三相坐标系上的电流。从前面分析已知，MATLAB 模块库中坐标变换模块幅值需要乘以系数，故通过采用 Gain 模块（参数设置为 sqrt(2/3)）将其连接到滞环脉冲发生器，作为电流给定信号。

磁链调节器、转矩调节器和转速调节器均采用 PI 调节器，然后进行封装。图 6.6 所示是转速调节器的模型及封装后的子系统，类似地，可进行磁链调节器和转矩调节器建模与参数设置，各参数设置如下：

ASR：$K_p=10$，$K_i=8$，上、下限幅值为 $[175 \quad -175]$；

ATR：$K_p=4.5$，$K_i=12$，上、下限幅值为 $[60 \quad -60]$；

AΨR：$K_p=1.8$，$K_i=100$，上、下限幅值为 $[13 \quad -13]$。

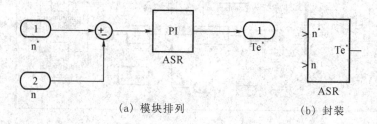

(a) 模块排列   (b) 封装

图 6.6 转速调节器的模型及封装后的子系统

3. 仿真及结果分析

转子磁链信号给定值为 1.0；仿真算法采用 ode23tb，开始时间为 0，结束时间为 3 s。仿真结果分别如图 6.7 和图 6.8 所示，图中波形依次为定子三相电流"iabc"、异步电动机转速"n"和电磁转矩"Te"。

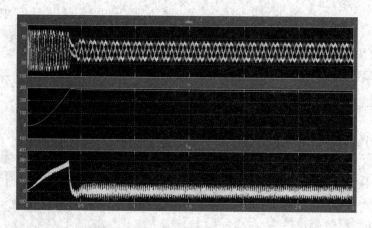

图 6.7 转速、磁链闭环控制的矢量控制系统仿真结果（$n^*=280$ r/min）

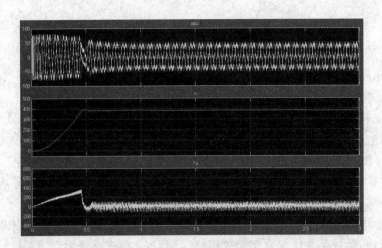

图 6.8　转速、磁链闭环控制的矢量控制系统仿真结果（$n^* = 380$ r/min）

　　从仿真结果可以看出，当给定信号 $n^* = 280$ r/min 时，在调解器作用下电动机转速上升阶段接近最大值，使得电动机开始平稳上升；在 0.4 s 左右时转速超调，电流很快下降，转速达到稳态 280 r/min。当给定信号 $n^* = 380$ r/min 时，转速稳态值接近 380 r/min。说明异步电动机的转速随着给定信号的变化而发生改变，其整个变化曲线与实际情况非常类似。

参 考 文 献

[1]　赵影. 电机与电力拖动[M]. 3 版. 北京：国防工业出版社，2010.

[2]　王云亮. 电力电子技术[M]. 3 版. 北京：电子工业出版社，2013.

[3]　郭荣祥，崔桂梅. 电力电子应用技术[M]. 北京：高等教育出版社，2013.

[4]　阮毅，杨影，陈伯时. 电力拖动自动控制系统：运动控制系统. 5 版. 北京：机械工业出版社，2016.

[5]　顾春雷，陈冲，陈中，等. 运动控制系统综合实验教程[M]. 北京：清华大学出版社，2017.

[6]　洪乃刚. 电力电子、电机控制系统的建模和仿真[M]. 北京：机械工业出版社，2010.

[7]　杨国安. 运动控制系统综合实验教程[M]. 西安：西安交通大学出版社，2014.

[8]　洪乃刚. MATLAB 在调速系统中的应用[J]. 安徽工业大学学报（自然科学版），2003，20(3)：209 - 211，214.

[9]　洪乃刚. 矢量控制交流调速系统的研究[J]. 安徽工业大学学报（自然科学版），2004，21(2)：124 - 127.

[10]　李华德. 交流调速控制系统[M]. 北京：电子工业出版社，2003.